マルチフィジックス有限要素解析シリーズ4

シミュレーションで見る
マイクロ波化学

カーボンニュートラルを実現するために

著者：藤井 知・和田 雄二

近代科学社Digital

刊行にあたって

　私共は 2001 年の創業以来 20 年間，我が国の科学技術と教育の発展に役立つ多重物理連成解析の普及および推進に努めてまいりました。

　このたび，次の節目である創業 25 周年に向けた活動といたしまして，新たに「マルチフィジックス有限要素解析シリーズ」を立ち上げました。私共と志を同じくする教育機関や企業でご活躍の諸先生方にご協力をお願いし，最先端の科学技術や教育に関するトピックをできるだけ分かりやすく解説していただくとともに，多様な分野においてマルチフィジックス解析ソフトウェア COMSOL Multiphysics がどのように利用されているかをご紹介いただくことにいたしました。

　本シリーズが読者諸氏の抱える諸課題を解決するきっかけやヒントを見出す一助となりますことを，心から願っております。

計測エンジニアリングシステム株式会社

代表取締役

岡田　求

まえがき

　本書は，化学あるいは他の分野の開発研究者の方々が，ご自分の化学反応系にマイクロ波技術を導入したいとお考えになったときに，まずはその基本を理解するためにお読みいただきたいと考えて，執筆しました。

　SDGs やカーボンニュートラルなど，将来に向けて社会のあり方を作り直すための方法が世界中で論じられ，具体策立案を迫られている現在，化学技術の根幹である化学反応プロセスの駆動と制御の新しい技術として，マイクロ波化学を導入するための入門書となることを目指しています。第1〜3章を化学研究者の和田雄二が，第4，5章および付録をマイクロ波工学者藤井知が執筆しています。前半で化学基礎の見直しと新しいマイクロ波化学への考え方の方向付けをしていただき，後半でマイクロ波工学基礎を学ぶことによって，マイクロ波化学の入り口に立っていただければと思っています。

　マイクロ波化学とは，電磁波であるマイクロ波をエネルギー源として化学反応系に注入し，化学反応を駆動・制御する化学分野であり，従来の燃料燃焼により発生した熱をエネルギー源とする伝統的化学とは一線を画す，新規な分野です。このマイクロ波化学という分野を理解し，マイクロ波エネルギーを使って化学反応を操るには，化学反応理論の知識と理解だけでなく，電磁波工学の基礎知識と利用技術の理解が欠かせません。

　第1章では，マイクロ波化学の門を叩いておられるみなさんに確認していただきたい化学基礎を解説します。また，科学と技術における化学という学問分野の位置づけの確認と，これから向き合わなければならないグローバルな環境問題の共有をすることによって，カーボンニュートラル対応技術としてのマイクロ波化学の可能性を概観します。第2章では，マイクロ波化学を理解する上で特に重要な平衡状態の化学と化学反応速度論について，マイクロ波化学での特殊な取り扱いを解説します。第3章では，マイクロ波を化学反応系に導入することによって得られる特長と留意点を，特にマイクロ波と物質の相互作用を起点にして概観します。第4章では，マイクロ波化学を理解する準備が整った読者に向けて，電磁波工学の一部としてのマイクロ波工学を解説します。第5章では COMSOL

Multiphysics を用いたシミュレーションの事例について紹介しております。第 4 章と第 5 章では実際に講義で使っていた資料を中心にまとめており，電気系の高専生や大学 3 年生程度の初学者でも理解できるよう，特につまずきやすい部分を中心に執筆しています。また，COMSOL Multiphysics の具体的な操作方法などを付録で解説しています。

では，マイクロ波化学の世界に分け入ってゆきましょう。

2023 年 11 月
著者一同

目次

第1章　　マイクロ波技術のための化学の基本

第2章　　化学平衡と化学反応速度

第5章 マイクロ波化学におけるシミュレーション

第 **1** 章

マイクロ波技術のための化学の基本

1.1　化学とはどのような学問か

1.1.1　化学と物理，さらに生物：学問の境界は重なっている

　この本を手にとっていただいた読者のみなさんは，化学について中学あるいは高校で「元素記号と化学反応式」を覚え，またモル数の計算をして反応の量的な考え方を学んだことと思います。しかし，この化学学習での見え方は，記号と数値の扱いの一面でしかありません。特にマイクロ波など新しい化学反応制御の応用技術を理解するためには，化学反応の捉え方を，そして物質の存在の形式と変化の方向や最終的に行きつく形を定量的に記述する学問として，化学を整理しなおすのが必要と私は考えています[1, 2]。

　例えば，化学反応を考えるときに個々が区別できる最小のサイズの粒子として分子を捉えることができます。さらに，放射線化学を除けば，私たちは，原子を最小の物質構成単位として捉えれば十分です。化学反応を理解するためには，分子構造の変化を考えなければなりません。分子は，複数の原子が結合することによって一義的に決まった安定な幾何学構造を形成しています(図 1.1)。では，分子の構造が一義的に決まるのはなぜでしょうか？　この問いに答えるためには，化学結合を理解する必要があり，化学結合の理解には量子化学の理解が必要となります。

　一方，粒子としての分子は，私たちが日常に見ているサイズの物質と同様な並進運動をしています。このような描像で分子を捉えるときは，

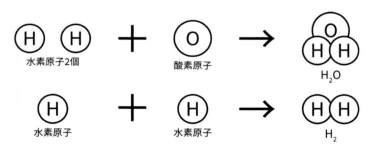

図 1.1　原子から構成される分子，さらにその構造変化としての化学変化

ニュートン力学による記述が適切です。したがって，化学という学問は，本来物理学をその基礎においていることは直感していただけるでしょう。ニュートン力学による記述で分子の並進運動を理解すれば，観測量である気体の圧力も計算できます（図1.2）。

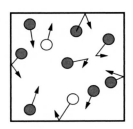

図1.2　粒子としての分子の運動様式

ここで理解の壁となるのが，私たちは分子ひとつひとつの観測をしているわけではなく，例えば分子集合体の運動を圧力や温度として観測しているという事実です。通常の方法では，私たちは分子1個の運動を観測することはできません。そのため，個々の分子の運動をアボガドロ数（6.23×10^{23}）個の分子の集合体の運動として書き直さなければなりません。

このような超多数の分子の集合体の運動を理解するために，統計力学を導入することになります。統計力学では個々の分子の運動エネルギーに分布があり，その分布を記述することによって，マクロな観測値として圧力や温度を結びつけることが可能になります。この考え方では，分子個々の個性は一度目隠しされ，集合体としての挙動の理解に辿り着くことになります。

では，再度化学に立ち戻り，化学反応はどう理解するのかを考えてみましょう。

化学反応では，原子を結びつけている化学結合の切断と形成が連続して起こります。したがって化学反応を理解するためには化学結合の理解が必要です。化学結合は，ニュートン力学と統計力学では扱うことができませ

13

ん。それは，化学結合の本質は，原子の構成要素のひとつである電子の挙
動と直結しているからです。

　化学結合の理解には，電子の運動と存在状態を記述するために量子力
学，あるいはこの物理学を化学に拡張する量子化学が必要となります。電
子の挙動は原子や分子とは異なり，ニュートン力学でその運動を記述する
ことはできません。電子は，量子力学によって粒子性と波動性の二面性を
有する素粒子として，その挙動を記述することになります。化学結合には
共有結合，イオン結合，配位結合，金属結合があり(図 1.3)，これらはど
れも電子を複数の原子核が共有することによって安定な結合を形成してい
ます。つまり，化学結合は原子核間の電子共有に起因する安定化エネル
ギーの結果形成されるものとして理解します。

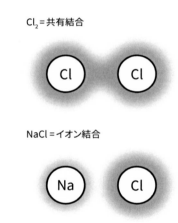

図 1.3　化学結合の様式：共有結合，イオン結合

　では，化学反応において化学結合の切断はどのようにして起こるので
しょうか？　そして，一度切断された化学結合が新たな化学結合に置き換
わるかどうか，そしてその速度は，何によって決まるのでしょうか？　そ
れを記述するのが化学反応論であり，本書ではこれを理解するために，化
学平衡論と化学反応速度論を解説しています。

　また，生命科学は物理学と化学の双方の基盤をもとに，さらに複雑かつ自律性を有する物質系を取り扱う分野として捉えることができます。生命体を単なる分子集合体として，より複雑な物質系として捉えるだけでは，おそらく生命科学の本質を取り逃がしてしまう恐れがあります。しかし，少なくともその根本となる物質構成部分は，ここまでに述べた物理学と化学による記述で理解することが必要だと思います。

　本書ではマイクロ波化学の基礎を記述するので，生命科学については取り上げていません。しかしながら，マイクロ波化学の応用は生命科学分野にも及び始めています。生体あるいは生物に対する電磁場利用は未知の科学を生み出す可能性が高いと考えています。

1.1.2　カーボンニュートラル対策に貢献する化学

　ここで一転，化学と地球環境の密接な関係について考えてみましょう。長らく議論がなされてきた地球規模の環境問題を考察します。それは，温室効果ガスによる地球温暖化問題です。この問題は現在，議論の段階ではなく，むしろ事実として受け入れ，その解決に向かってソリューションを模索する段階に達しています。

　日本政府は，埋蔵燃料に依存するエネルギー供給技術を炭素フリーな「カーボンニュートラル」技術へ転換することを宣言しました [3]。2050年には二酸化炭素発生ゼロを達成する目標を掲げていることは，周知の事実です。当然ながら国家としてのこの将来への約束は，企業をはじめあらゆる機関，そして個人が最優先課題として，今後の工業生産活動や経済活動，そしてあらゆる社会活動に組み入れてゆくことを義務として捉えなければなりません。

　日本は世界の年間 CO_2 排出量 335 億トンの 3.2 ％，すなわち 11.1 億トンを排出しています [4]。ここで，CO_2 の排出元を概観してみましょう（図 1.4）。日本の種々の産業からどれくらいの CO_2 が排出されているか，図 1.4 から見てとれます。「エネルギー転換」として表現されている発電などエネルギー産業からの CO_2 発生量が極めて大きく，39 ％ です。全体の多くをこの「エネルギー転換」が占めていることは想像どおりで，理由も分かりやすいと思います。また，運送部門が消費する交通機関の動力

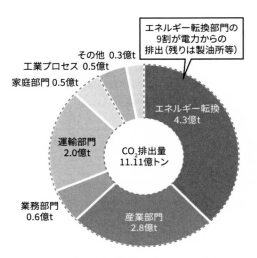

図 1.4　日本の産業が排出する CO_2 の内訳 [5]

から発生する CO_2 も極めて深刻です。産業部門は全体の 25 ％，すなわち 1/4 です。

　産業部門の CO_2 排出割合の内訳では，高温でかつ巨大な製鉄業が 48 ％と群を抜いています（図 1.5）。その次に化学工業が多く，産業部門全体の 20 ％ を占めています。すなわち，日本で排出する年間 11.1 億トンの 5 ％，つまり 0.56 億トンが化学工業由来の CO_2 ということになります。この化学工業由来の CO_2 発生をゼロとすることができれば，世界のそして日本の CO_2 発生量削減に大きく貢献できることが分かります。これは，化学産業が生き残るためにも大事な未来予想図です。

　そもそも，化学産業における CO_2 は何に起因するのでしょうか？ 化学製品の製造プロセスには，製品の種類の数だけの多様性があります。そして当然ながら大型でかつ高温を使用するプロセスにおいて，より多くの CO_2 が排出されます。代表的なものは，石化プロセス，化学品製造プロセス，高温焼成プロセスなどが挙げられます。これらのプロセスにおいて化学反応器，そして焼成炉などを高温加熱する際に大量の石油，石炭，メタンが燃焼され，大量の CO_2 が発生します。カーボンニュートラル対

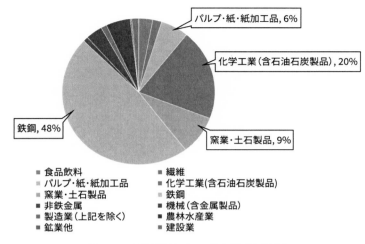

図 1.5　産業部門の CO_2 排出割合内訳 [5]

応が求められる今，企業の多くはこれらの大型化学プロセスに対しても，2030 年あるいは遅くとも 2050 年には，ゼロカーボンを目指すことをそのスローガンとして掲げています。

　有力な方策のひとつは「電化」です。と言っても，既存発電設備は発電に伴い化石燃料燃焼から大量の CO_2 を排出しますので，「再生可能エネルギーを用いる電化」という選択肢が最も有力な方策であると言わなければ，真の意味のカーボンニュートラル対応とは言えません。化石燃料燃焼発電から，どのような電力源に変えるのかのシナリオの考え方は図 1.6 を参照してください。ここには，産業を電化し，その電力を脱炭素電源に頼るシナリオが描かれています。

　産業の電化とは，いったいどんな方策なのでしょうか？　この方策に利用可能な加熱技術を俯瞰してみましょう（図 1.7）。電力を用いた物質の加熱技術には，抵抗加熱，誘導加熱，誘電加熱（高周波誘導，マイクロ波），赤外・遠赤外加熱，アーク・プラズマ加熱，レーザー加熱などを挙げることができます。実は，これらの電気加熱技術は過去にすでに実用化された，あるいは実用化検討された古い歴史があるのです。

17

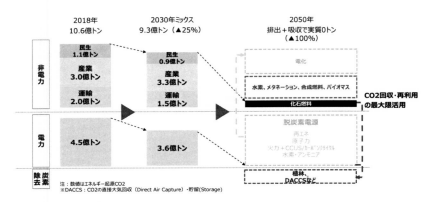

図 1.6　産業の脱炭素電源利用電化によるカーボンニュートラル転換シナリオ [5]

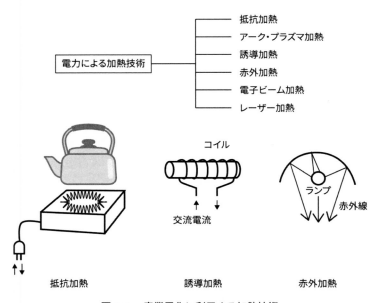

図 1.7　産業電化に利用する加熱技術

　例えば抵抗加熱は，1815 年のイギリスにおける鉄道線加熱実験に始まっています。誘導加熱は 1885 年にスウェーデンにおいて金属鋳造に使

われる薄型低周波炉の開発があり，1938 年にアメリカフォード社が自動車の塗装乾燥工程に赤外電球を適用しました。さらに 1899 年にフランスにおいてアーク炉を電気炉製鋼技術に使用し実用化・発展したように，それぞれに長い技術開発の歴史があります。本書で取り上げるマイクロ波誘電加熱も，1940 年にアメリカにおける商用マイクロ波オーブンの販売が始まっており，1970 年代にはマイクロ波技術はゴム加硫装置に応用されています。

しかし，読者のみなさんが経験的に実感しておられるように，過去そして現在においてもまだ，電力は石油，石炭，天然ガスの燃焼に比べて高価であり，付加価値の高い物質の加熱技術にしか使われることはありませんでした。ここまで概観してお分かりのように，「産業電化」に用いる電力による加熱技術の歴史は古く，当時のレベルですでに技術は完成形として揃っており，成熟していると捉えられていたのです。

カーボンニュートラルを達成するためには，発電のためのエネルギー源を化石燃料の燃焼に頼ることはできません。できるかぎり化石燃料依存を減らし，どうしても化石燃料に頼る部分は何らかのネガティブカーボン対策を併設する必要があります。ネガティブカーボン対策とは，排出した CO_2 を吸収あるいは除去する方策のことです。これには，植林により見込まれる樹木による大気中 CO_2 の吸収や大気中の CO_2 を回収・貯蔵する技術などが該当します。一方，化石燃料に頼らない発電技術としては，太陽光，風力，波力，地熱をエネルギー源とする発電技術，すなわち再生可能エネルギーに頼るか，あるいは原子力発電という選択肢から，地政学的観点と安全性問題，あるいは経済コストなどの環境要因を勘案しながら，エネルギーミックスして組み上げてゆくことになります。マイクロ波化学を一つの候補とする産業電化技術では，この CO_2 排出を最小化したエネルギーミックスを電力として用いることにより，化学産業の CO_2 排出量最少化を図ることになります。

1.1.3 地球環境問題に化学はどう関わってゆくのか？

地球環境の変化の度合いが毎年次第に顕著になってきていることを強く印象づける異常気象がニュースなどで報じられています。酷暑，熱波，集

中豪雨などの異常気象，そして氷河の崩壊，南極の氷の減少，海面上昇により沈む島など，地球温暖化による気象と地理的・地学的変化は，私たちにとって憂うべき顕著な地球環境悪化の兆候として視覚化しています。

　Crutzen, Rowland, Molina は，地表 20 - 30 km に偏在するオゾン層は，大気組成のわずかな変動でも深刻な損害を被るアキレスの踵であることを示し，1995 年ノーベル化学賞が歴史上初めて，地球環境保全化学領域のこの業績に授与されました。さらに，CO_2 の温室効果による地球温暖化問題は長らく成否双方の立場からの議論が継続されてきましたが，2021 年のノーベル物理学賞は，気候シミュレーションモデルを用いて大気中の CO_2 濃度が 2 倍になると平均気温が 2 ℃上がることを示した真鍋博士に授与されました（図 1.8）。今，CO_2 の温室効果は深刻でかつ不都合な真実として捉えなければなりません。ここにきて，ようやく地球規模の環境問題が，分子レベルの化学と結びついたと言えます。

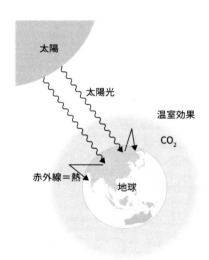

図 1.8　　CO_2 濃度が増して地球温暖化が起きている状態

　この深刻な真実を知った今，私たちは地球環境を守るためにこれまでとは異なる方法で化学を創り変えてゆかなければなりません。今後，地球環

境に有害な化学物質を使用禁止にするだけに留まらず，むしろ，すでに劣化しつつある地球環境を保全し，ヒトだけでなくあらゆる生命が地球の豊かさを享受できるより住みよい地球環境への改善を目指して，今後の化学技術を創出してゆくことが科学者，そして技術者の役割となったのです。そしてマイクロ波化学という学問も，この学問を利用する技術も，地球環境を守るためにあります。

1.2 物質とは

1.2.1 マイクロ波技術が対象とする物質とは？

　本書では，マイクロ波化学技術の基礎としての化学に限定して解説し，考えてゆきます。したがってここでは，物質をマイクロ波化学技術においてどのように捉えておく必要があるかという観点から扱います [1. 2]。

　振動電磁場であるマイクロ波の物質との相互作用を考察するときには，物質を誘電体と導電体に分類することが出発点です。基本的にマイクロ波は誘電体に浸透し，その振動電場は物質内の核，電子，あるいは電子の偏りの結果発生する双極子と相互作用します。浸透したマイクロ波は，誘電損失と呼ばれる現象により振動電場エネルギーが熱に変換される加熱現象を起こします。なお，物質との相互作用がなければマイクロ波は透過します。このとき振動電磁場の振る舞いとして，物質の誘電率に依存して，誘電体内に浸透したマイクロ波には波長短縮が起こります。一方，導電体はマイクロ波を反射します。しかしながら，μ（マイクロ）メーターの表皮深さには浸透するので，金属粒子などはマイクロ波による加熱が起こるのです。

　物質の3態，すなわち，気体，液体，固体という状態によってもマイクロ波との相互作用は異なります。気体では，それぞれの孤立分子の回転運動のエネルギー準位間のエネルギー差がちょうどマイクロ波領域の電磁波エネルギーに一致すれば，マイクロ波が孤立分子に吸収され，回転励起が起こります。この吸収はマイクロ波分光として観測されることになりますが，この現象は誘電加熱とは異なり，発熱ではなく回転励起エネルギー緩

和過程につながります。

1.2.2　物質を構成する単位：原子，イオン，分子

(a) 原子

　物質を構成する基本は原子です。もちろん，物理学では原子の微細構造や素粒子のようなさらに小さな世界に分け入ってゆく世界もあるのですが，マイクロ波利用化学の理解においては，原子を基本とすれば十分です。もちろん，原子に電荷を与えるイオン化や化学結合を理解するために電子と磁性，原子や分子の構造や挙動を理解するために原子核の核磁気モーメントや電子スピンは必要に応じて導入しますが，まずは原子を基本単位として考えましょう。

(b) イオン

　通常の原子は，原子核が有する陽子と同数の電子をその原子軌道にもっており，電荷的に中性となっています。最外殻の電子は出し入れしやすい浅いエネルギー準位にあるため，比較的低いエネルギーで電子を放出して，正電荷に帯電し，カチオンとなります。

　一方，電子親和力の大きな原子は，電子を受け入れるとアニオンとなります。このような電子の授受による原子の荷電挙動をイオン化と呼びます（図 1.9）。イオン化は，電子が移動することによって系全体が安定した構造になる場合に起こります。例えば，電子を放出しやすい，すなわちイオン化エネルギーの小さなナトリウム (Na) と電子を受け取りやすい，すなわち電子親和力の高い塩素 (Cl) が結合すれば塩化ナトリウムとなります。このとき塩化ナトリウムの結晶中では Na^+ と Cl^- にイオン化した形で両原子は存在しており，この結晶はイオン結晶と呼ばれます（図 1.10）。

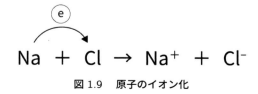

図 1.9　原子のイオン化

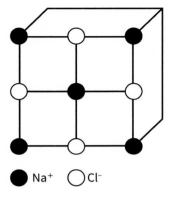

図 1.10　イオン結晶

　このような固体の結晶だけでなく，塩化ナトリウムは水に溶解すれば，水分子に囲まれた形（水和と言います）で単独の孤立イオンとして安定化します。塩化ナトリウム水溶液中では自由に運動する Na^+ と Cl^- イオンが等量共存し，溶液全体で電気的中性を保つことになります（図 1.11）。

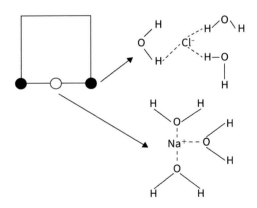

図 1.11　水中でのカチオンとアニオン

　イオン結晶中でも，あるいは水溶液中においても，カチオンやアニオンなどのイオンはマイクロ波の振動電場と相互作用し，マイクロ波エネル

ギーの熱への変換による損失過程を担うので，大事な役割をすることを指摘しておきたいと思います。

(c) 分子

　分子は，複数の原子が化学結合により結びついて生成する原子集合体です。先に述べたように，化学結合には，共有結合，イオン結合，配位結合，金属結合があります。それぞれの結合様式で得られる結合エネルギーによって，分子はそれを構成する個々の原子が単独で孤立している系に比べて安定化することで形成されます。

　炭素と水素の結合が主となって構成される有機分子や炭素以外の原子から成る無機分子など，種々の分子が存在します。最も単純ものでは，He や Ar など不活性気体の原子そのものを単原子分子と見なすこともあります。また，H_2, O_2, N_2 など二原子分子のような小さく単純な分子から，CO_2, CS_2 のような三原子分子，さらに大きく，多種類の原子を含む分子から構成原子数が数万に及ぶ高分子まで，地球上には膨大な種類の分子が存在しています（図 1.12）。

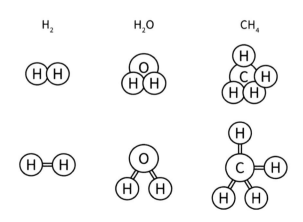

図 1.12　種々の分子

　また，もともと自然界に存在していた分子だけでなく，人工的に合成された分子も多く存在します。私たちが化学で対象とする多くの分子は，石

油由来であったり動植物由来であったりするものがほとんどで，むしろそれらを単離してその機能を利用する例も多く見られています。例えば石油由来では，ベンゼンとベンゼンの誘導体は，これを出発原料とする機能材料製造の原料として重要です。石油精製では，ベンゼン，トルエン，キシレンは分離して利用されますし，また，他の石油留分をこの3つの化合物へ選択的に変換する技術も開発されています。

　一方，本来天然物由来とされていた分子も，人工的に合成できるだけでなく，より機能を強化する分子構造に改良することが可能となっています。例えば，昆布に含まれる旨味成分はグルタミン酸とアスパラギン酸と特定され，現在は化学合成することもできます。うまみ成分は天然物から分離抽出されて分子構造が明らかにされた後，石油成分原料からの合成プロセスが成立しました。しかし現在は再度，グルタミン酸生産菌による製造に回帰しており，興味深い例と言えます。また，カビから発見されたペニシリンなどは，現在は青カビ精製液から培養した天然ペニシリンだけでなく，人工的なペニシリン合成も行われています。

　マイクロ波の分子との相互作用を考える上で，ここで触れておきたいのが，分子の双極子モーメントという性質です。なぜなら，マイクロ波の振動電場は分子の双極子モーメントと直接の相互作用をするからです。この相互作用では，分子はマイクロ波の振動電場と相互作用してエネルギーを獲得し，続いてエネルギー緩和という一連のエネルギー伝達緩和過程を経験します。このときに，分子は周囲の同一分子あるいは他の共存分子と相互作用して熱発生につながります。これが誘電損失と呼ばれるマイクロ波加熱のひとつの機構です(図 1.13)。

　原子は分子中で電子を引き付ける性質がありますが，原子によってその程度が異なります。全体として電気的中性の分子内では，より強く電子を引き付ける原子はよりマイナスに帯電し，一方，引き付ける力が弱い原子は，よりプラスに帯電します。このようなそれぞれの原子の電子の引き付けやすさを電気陰性度として数値化しています。

　例えば，水分子中では水素はプラスに，酸素はマイナスに帯電しています(図 1.13)。このとき，プラス電荷の中心とマイナス電荷の中心を結ぶ双極子が発生し，ベクトルとして表すことができます。水分子の双極子モー

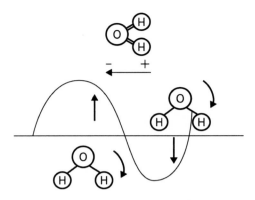

図 1.13　分子双極子とマイクロ波の相互作用

メントの大きさは $1.94\mathrm{D}(1\mathrm{D} = 10^{-18}\mathrm{esu\ cm} = 3.36 \times 10^{-30}\ \mathrm{C\ m})$ で，ベクトルの方向は 2 つの水素原子の中心から酸素原子に向いています。

　塩化水素分子を例にとって，双極子モーメントの定義を理解しましょう（図 1.14）。2 原子分子なら，水素と塩素の電荷の偏りは同じ絶対値 δ で，水素と塩素の距離 r と δ を掛けた値が双極子モーメントとなり，電荷プラスからマイナス，すなわち水素から塩素への方向をもったベクトル量として定義できます。

　もっと複雑な多原子分子でもこの電子の偏りは発生し，分子全体として 1 本の双極子モーメントが規定できます。例えば，安息香酸は分子中のベンゼン環からカルボキシル基の方向に分子全体として 1.72 D の双極子

$$\mu = \delta r$$

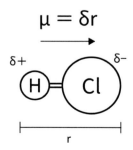

図 1.14　分子の双極子モーメント

モーメントを有しています。この双極子モーメントは，分子が集合体となる場合や集合体として運動するときにも，分子間の相互作用を決める重要な役割をもっています。

1.2.3 物質を構成する単位を結びつける力

原子あるいはイオンという最小単位を結びつけて分子あるいは固体を構成するときに，どのような結合があるかを分類しておきます [1, 2]。結合には，共有結合，イオン結合，配位結合，金属結合の4種類を考えておきましょう。

(a) 共有結合

炭素と水素の結合は，代表的な共有結合の例として理解されています。価電子は原子の最外殻の電子であり，原子軌道準位に入って安定化しています。例えば，炭素の価電子は4個あり，このすべてが3つある 2p 軌道に入っており，水素の価電子1個は 1s 軌道に入っていると理解します。このとき，炭素の4個の価電子の挙動は区別がつかず等価です。

メタン分子 (CH_4) を例として考えます。メタン分子の4個の水素原子は等価です。この分子では，炭素原子の3個の 2p 軌道と水素原子の1個の 1s 軌道が合わさって4個の sp^3 混成軌道が生成し，4個の価電子はそれぞれの sp^3 混成軌道に収納されていると理解します。sp^3 混成軌道は炭素軌道核を中心とした四面体の頂点に伸びた形(図 1.15)として表現され，メタン CH_4 分子ではこの四面体の頂点上に水素原子が配置され，メタンの四面体構造が安定に存在すると理解するわけです。このとき，炭素原子と水素原子の間には sp^3 軌道と 1s 軌道の重なった軌道が分子軌道として生成し，この分子軌道に炭素の価電子1個と水素の価電子1個を収納して2個の電子が対となり，炭素と水素に共有されることになります。これが共有結合です。

多くの有機化合物分子内の結合は共有結合として理解できます。共有結合は化学結合の中でも安定です。安定ということは，2つの原子間で両方の原子から供出された電子を共有すると，大きなエネルギー低下が起こるということを意味します。このエネルギーの低下は，量子化学という分野

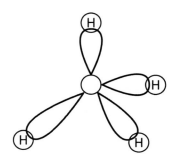

図 1.15　　sp^3 混成軌道

で理解されるのですが，量子化学については多くの基礎的教科書があるので，そちらを参照していただきたいと考えています。この低下したエネルギー分は，分子を安定化させる化学結合エネルギーとなり，対応する化学結合を切断するために必要なエネルギーということになります。

(b) イオン結合

　一方，イオン結合はカチオンとアニオンの間のクーロン引力によって安定化した結合です。例えば，塩化ナトリウムでは Na^+ と Cl^- が交互に集合してイオン結晶を形成します。N_2，O_2 や H_2 など同じ原子の 2 原子分子における 2 原子間の結合では原子間における電荷の移動はなく，完全に共有結合です。

　しかし，NO など異なる原子の 2 原子分子では，共有結合とイオン結合の双方が混ざり合っていると考えるのが適切です。電気陰性度の大きな酸素原子に電子が偏っているので，この分子では N にプラスの電荷が，O にマイナスの電荷が部分的に偏在しており，部分的にイオン結合を形成し，かつ電子対共有による共有結合も形成している状態です。すなわち，共有結合とイオン結合の双方が窒素原子と酸素原子の結合を担っており，安定化に寄与しています。このような分子では，分子内の電荷の偏りにより，分子が極性となり，双極子モーメントが発生します。

(c) 配位結合

錯体と呼ばれる分子あるいはイオンが存在します。この場合には，配位子と呼ぶ分子あるいはイオンが中心となる金属原子に電子対を供与することによって，安定な結合を形成します。これが配位結合です。例えば，アンモニア分子は Cu^{2+} イオンに窒素原子の電子対を供与し，配位結合を形成します（図 1.16）。配位結合では，電子は 100 % 配位子から供与されるわけですが，このような電子対の共有によっても電子の安定化が起こり，安定な化学結合の形成が可能です。

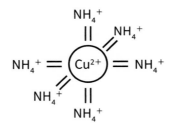

図 1.16　銅アンモニア錯イオンの構造

(d) 金属結合

金属結合は，エネルギーの高い原子軌道が相互に重なって 3 次元に広がる電子準位がバンド状となって形成され，このバンド準位に収納された電子が自由電子として原子間を自由に移動できる状態です。その結果，高い電気伝導性や熱伝導性が発現します。なお，マイクロ波は導電性の金属表面では反射します。

(e) 分子間相互作用

最後に，化学結合とは異なる弱い分子間相互作用の話をします。水素結合はその代表例です。水素結合は，電気陰性度が大きな原子（陰性原子）に共有結合で結びついた水素原子が，近傍に位置した窒素，酸素，硫黄，フッ素，π 電子系などの孤立電子対とつくる非共有結合性の引力的相互作用と理解します（図 1.17）。

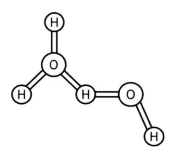

図 1.17　　水素結合

　例えば，水分子が周囲の水分子と水素結合により相互作用した結果，液体としての水の粘性に富んだ流動性が発現することはよく知られています。水分子間の比較的強い水素結合は，同族の原子である硫黄原子と酸素原子が入れ替わった硫化水素 H_2S の沸点が -60.7 ℃であるのに対し，水の沸点が 100 ℃と高いことの理由として教科書でもよく述べられる現象です。

　水素結合の結合エネルギーは 5 - 30 kJ/mol で，共有結合やイオン結合に比べれば $1/20$ から $1/4$ 程度に小さく，弱い相互作用です。しかしながら，マイクロ波照射下で水の温度が急上昇する現象は，水分子間の水素結合が大きな役割を果たしています。

　マイクロ波と物質の相互作用による発熱現象の機構のひとつである誘電損失は，双極子を有する分子がマイクロ波の振動電場と相互作用し，当該分子の回転運動を引き起こしますが，単独の分子がマイクロ波によって回転励起する場合には発熱は起こりません。例えば，水蒸気はマイクロ波加熱されず，液体の水として初めてマイクロ波加熱の対象となるのはこのためです。

　液体中では水分子間に水素結合があるため，それぞれの水分子は単独で運動せず，クラスターのような集まりとして運動しています。マイクロ波エネルギーは，双極子モーメントをもつ水分子の運動エネルギーとして分子に吸収されますが，その回転運動は周りの水分子に束縛されています。このように束縛されていることによって，回転エネルギーの一部が周囲の

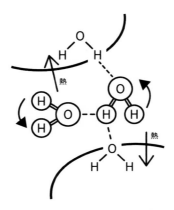

図 1.18　　液体の水によるマイクロ波誘電損失のしくみ

運動エネルギー，すなわち熱として損失します(図 1.18)。

　分子間あるいは原子間の最も弱い相互作用は，ファンデルワールス力と呼ばれる相互作用です。ファンデルワールス力は誘起双極子間の相互作用，あるいは分散力によって発生する結合力で，電荷のない中性の分子が集まる駆動力として，ファンデルワールス結合が働きます。高分子や分子クラスターでは，ファンデルワールス結合により分子間相互作用が大きくなるため，マイクロ波発熱現象においても考慮しておく必要があります。

1.3　　物質の状態：気体，液体，固体

1.3.1　　物質の 3 態をどう理解するか？

　物質の 3 態と言われる気体，液体，固体(図 1.19)について，水を例としてそれぞれの状態を分子的な観点から考えましょう。

(a) 気体

　気体は最も単純で，分子が空間に単独で存在している状態です。この場合，常圧では分子間の相互作用は考える必要がありません。分子は単独で自由に空間内のどの方向にもランダムに並進運動をしています。この孤立

31

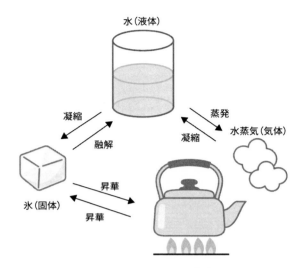

図 1.19　物質の 3 態と相変化

状態の分子では，分子の双極子がマイクロ波の振動電場と相互作用します。このときマイクロ波光子のエネルギーが回転エネルギー準位の差に一致する場合，マイクロ波光子はエネルギーとして吸収され，分子は回転励起状態になります。この回転励起状態にある分子は，励起エネルギーと同じ波長の電磁波を発するか，あるいは励起エネルギーを別の過程で緩和することで基底状態に戻ります。

(b) 液体

　水分子は常温・常圧で液体です。これは，分子間に水素結合，ファンデルワールス結合があり，集合状態としての液体状態が安定であるためと考えることができます。液体の特徴は，集合状態の中にあっても個々の分子は緩い束縛の状態で運動することで液体の状態をとっており，容器の形状に合わせて形状を自在に変化させることができることです。

　流体として流れる場合も気体流体とは異なり，集合状態のままで流れ，粘性が現れます。粘性は，分子間の比較的弱い相互作用があるために発生する液体状態を保持する力と考えればいいでしょう。

(c) 固体

　0 ℃以下に冷却すれば，水は固体である氷へと相変化します。液体と
しての水中で，水分子は周りの水分子との相互作用があり，自由な運動が
妨げられている状態です。言葉を変えれば，液体の水分子は周辺の水分子
によって運動に対するエネルギー障壁を設けられ，そのエネルギー障壁を
越えながら並進・回転運動をしており，これが液体としての流動性の一面
であるという捉え方をしましょう。

　0 ℃以下となると，このエネルギー障壁を越える熱エネルギーがもは
や得られず，分子の動きは周りの分子が作る狭い環境内（ケージと呼びま
す）に閉じ込められ，流動性は失われます。それぞれの分子の可能な運動
はケージ内での振動だけとなり，固定状態となったのが固体の本質です。

1.3.2　3つの状態間の変化：相変化

　最も自由な運動状態の気体，分子間力により集合状態となり近接した分
子間では束縛力が働いていながらも分子が個別に運動している状態の液
体，そして，相互に完全に固定し，分子あるいはイオンなどの構成粒子の
振動運動の自由度だけが残っている固体，この3種の相，気相，液相，固
相は，温度と圧力に依存して相間で変化が起こります。これを相変化と呼
んでいます（図 1.19）。この相変化は，熱力学的平衡によって規定されて
おり，相変化に使われる熱を潜熱と呼んでいます [1, 2]。

　マイクロ波エネルギーは，分子やイオンなどの構成粒子と振動電場ある
いは振動磁場との相互作用によって熱に変換されます。このとき，運動状
態にある粒子がマイクロ波エネルギーを受け取り，回転，振動，並進など
の運動エネルギーとして伝播しますが，このときに周囲環境に熱エネル
ギーとして損失が起こり，このエネルギー損失分が発熱量として対象物質
の温度を上昇させることになります。

　したがって，気相としての水蒸気，液相としての水，固相としての氷と
いう3つの相を例として考えても，マイクロ波との相互作用は，それぞれ
の相で異なる機構を考える必要があります。

1.4　物質を構成する単位の運動

1.4.1　気体分子運動論

　気体の分子運動論は，分子の並進運動にニュートン力学を利用し，かつその取り扱いをアボガドロ数個という巨大な数の分子の集まりにまで拡張することによって，巨視的な観測量を扱う熱力学に理論的に繋げることに成功しました [1, 2]。これは，分子運動の古典的な取り扱いのエレガントな成功例と言えると思います。そのストーリーを見てみたいと思いますので，系をモデル化します。

　ここでは理想気体という概念を導入します（図 1.20）。この理想気体を構成する分子は，体積をもたない点として捉えます。また，点である分子は互いに相互作用をしないという仮定を置きます。このような仮定の上で，分子は空間中で x, y, z の 3 方向の自由度をもち，それぞれの方向に並進運動をしています。この場合，分子は点ですから，内部エネルギーとしての回転運動や分子内の振動運動は考えません。また，分子は容器内では壁に衝突し，運動量保存則が適用されます。分子間の衝突にも同様な取り扱いを行い，分子衝突によって容器壁に与えられる力積の変化から気体が壁に与える圧力が導出されます。この x, y, z 軸方向の 3 次元の分子の

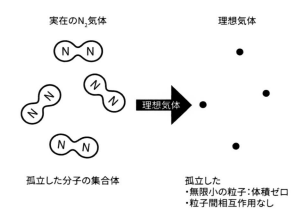

実在のN₂気体　　　　　　　　　理想気体

理想気体

孤立した分子の集合体

孤立した
・無限小の粒子：体積ゼロ
・粒子間相互作用なし

図 1.20　理想気体

並行運動は，理想気体の状態方程式 $(PV = nRT)$（P は系の圧力，V は体積，n は系内粒子のモル数，R は気体定数，T は温度）に理論的に結びつけることができます。さらに，分子の並行運動の速度分布はボルツマン分布で表現することができ，分子運動にこの分布を導入することによって，平衡論とも理論的に整合した形となります。

　これらの関係から言えることは，分子集合体の温度は，平衡状態にある分子の並行運動の分布を一義的に決定するということであり，温度 T の理想気体において，分子集合体全体では x, y, z 軸方向の並行移動の自由度に対して，それぞれ $(1/2)\,RT$ の運動エネルギーが割り振られていることになります。

　分子の内部構造によっては，内部エネルギーとして振動と回転のエネルギーが分配されることになります。このエネルギー分配もボルツマン分布で割り振られるのですが，ここで気を付けておきたいのは，分子内の振動運動と回転運動が量子化されていることです。すなわち，分子が占有できるエネルギー準位は分裂しており，準位間のエネルギーをとることは許容されていません。これは，振動エネルギー準位間の電磁波吸収が赤外吸収スペクトルとして，回転エネルギー間の電磁波吸収がマイクロ波吸収スペクトルとして観測されることに表れています。

　一方，並進運動のエネルギーは連続しているように観測されます。これは分子自体の大きさと質量が大きいため，並進運動エネルギーの開裂が極めて小さく，一見連続になって見えるために量子的な制限が見えなくなっていると理解することができます。

　ひとつここで指摘しておきたいのは，分光法による吸収スペクトル測定を行う場合，例えばマイクロ波分光で分子の回転状態のエネルギー分布に対する情報を解析する場合，分子は回転状態のエネルギー準位間の遷移を起こしているということです。この場合，励起状態から一度得た励起エネルギーをそのまま光子として発光する場合には，吸収スペクトルとしては観測されません。吸収スペクトルを観測するためには，励起エネルギーが吸収時とは異なる経路でエネルギー緩和をすることが必要です。マイクロ波化学で対象とするマイクロ波照射下の現象の多くは，この緩和が周囲環境の運動エネルギーに変換する過程を対象とする場合が多く，その代表例

がマイクロ波発熱を伴う過程であり，このマイクロ波発熱現象は気体では
起こりません。気体では，緩和したエネルギーを伝達する媒体が周囲にな
いからです。

1.4.2　液体中の分子の運動

　液体中では，水素結合やファンデルワールス力などの弱い結合が分子を
束縛していて，分子は運動する場合に周囲の分子との相互作用を断ち切っ
ています。すなわち，分子は隣接する複数の分子を弱く束縛しているケー
ジをかきわけてケージ外に逃れてゆく活性化エネルギーを必要としている
状態です。この活性化エネルギーは，液体の拡散係数の温度依存性から得
られる活性化エネルギーと同等と考えることができ，10 kJ/mol のオー
ダーで，ちょうど水素結合やファンデルワールス力によって得られる結合
エネルギーと同等の大きさです。この状態でそれぞれの分子はマイクロ波
と相互作用することになります(図 1.21 (a))。

　また，液体の水は 0 ℃以下では分子の移動が拡散の活性化エネルギー
障壁を越えられなくなり，固体の氷になります。氷とマイクロ波との相互
作用では，ある程度運動性を保持していた水分子とは異なり，マイクロ波
加熱が起こりにくい状態です(図 1.21 (b))。

　分子の運動は，束縛された並進運動，分子内の振動運動，回転運動があ
り，それぞれがマイクロ波と相互作用してエネルギー分配を受ける可能性

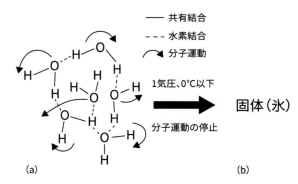

図 1.21　水の相転移 (a) 液体（水）の構造と分子運動，(b) 固体（氷）

があります。エネルギー的に連続として振る舞う並進運動と，それぞれの
エネルギー状態が量子化学的に開裂・分離している振動・回転運動を区別
して考えることが必要です。ここで，マイクロ波は振動電磁波，すなわち
波動としての振る舞いとエネルギー量子としての振る舞いの2面性がある
ということが重要になってきます。

　さらに，ここで付け加えておきたいのは，一言で液体と言っても弱い分
子間力だけで凝縮したさらさらの液体から，弱い相互作用の中でも比較的
強い水素結合をもつ水のような液体まで種々の液体があるということで
す。それぞれの液体中の分子の運動が異なっていることは，マイクロ波と
の相互作用を考える際には意識しておいたほうがよいかと考えています。

　極端な例として，液体窒素を考えてみます。液体窒素は分子に双極子が
ないので，77 K という低温まで冷却することで初めて分子間力によって
液化します。窒素分子は液体窒素の中で相互に独立した運動をしていると
考えていい状況です。マイクロ波の振動電場や振動磁場との相互作用はあ
りません。

　一方，水の場合，水分子は液化した水中では単独分子ではなく，複数の
水分子が水素結合することで集合体を形成しており，この場合は相互作用
の束縛を受けた状態での運動となります。

　実は，これがマイクロ波加熱現象がマイクロ波分光による単分子のマイ
クロ波光子吸収とは異なる挙動であることの理由です。単独の水分子の回
転運動は量子化されており，開裂した不連続のエネルギー準位をとりま
す。一方，液体の水中では，分子の回転運動は相互作用により束縛されて
おり，単独の回転運動ではありません。結果として，マイクロ波の振動電
場との相互作用は，水分子集合体の運動とカップルしているという表現が
適切です。マイクロ波エネルギーは分子集合体の運動エネルギーの形で振
動電場エネルギーを伝達され，マイクロ波エネルギーの誘電損失による熱
への変換が起こります。

1.4.3　固体中の構成単位の運動

　固体の結晶の中では規則正しく原子あるいはイオンが配列されていま
す。一方，非晶質物質の中で構成原子あるいはイオンは，特定の秩序がな

い幾何学な配置をとって安定な構造体を形成しています。結晶でも非結晶でも，固体中で分子，原子あるいはイオンは安定な位置に配置され，その安定配置を中心に固定され，かつ振動していると理解します（図 1.21）。個々の分子，原子あるいはイオンは，隣接する分子，原子あるいはイオンと化学結合やイオン結合，金属結合によって強く束縛されており，その化学結合の有する結合エネルギーが作るポテンシャルの結合距離依存性の関数に従って，振動エネルギーが決まっています。

　また，振動のモードは周囲の複数の原子あるいはイオンとの振動の重なりによって決まります。これはフォノンと呼ばれています。高温になれば隣の原子あるいはイオンを乗り越えて移動することもありますが，通常は常温ではそのような運動をすることはありません。

1.5　温度の考え方

1.5.1　温度の定義

　温度とは何かという問いから始めたいと思います。物理学における温度の定義は「温度平衡状態にある系の内部エネルギーを体積一定の条件で，エントロピーにより偏微分したもの」で，熱力学的温度と呼ばれます。言い換えれば，温度とは系のエントロピーを単位量だけ増加させるために必要な熱エネルギーであり，すなわち，熱力学的な状態関数から求められる物理量です。熱力学自体が，アボガドロ数個の大量の分子集合体を対象とする理論体系であることを考えれば，少数の分子あるいは単分子の温度は定義自体も不可能ということになります。

　一方，分子運動論からは，温度は分子の並進運動エネルギーの平均値から決まるという言い方もできます。前節で述べたように，気体中で分子は x, y, z の 3 つの自由度をもつ並行運動をしています。分子運動論によれば，それぞれの自由度に対して $\left(\frac{1}{2}\right) k_B T$ の運動エネルギーが分配され，3 つの自由度が集まれば $\left(\frac{3}{2}\right) k_B T$ が全運動エネルギーということになり，温度はこの全運動エネルギーが決まれば一義的に決まるということになります。つまり，構成単位の運動状態が温度を決めると言うことができ

ます。

　実際に，この運動エネルギーの式は理想気体の状態方程式に結びつけることができ，気体の体積，圧力が温度の関数として表現できることは前に述べたとおりです。このように気体分子の並進運動エネルギー自体が温度の定義に直結しているわけですが，気体中のそれぞれの分子の振動状態，回転状態も温度で決まります。

　固体や液体の場合には，気体のような自由な並進運動はありませんが，これについても固体内あるいは液体内における乱雑な分子あるいはイオンの運動に対して統計力学的取り扱いをすれば，同様な温度の取り扱いが可能です。

1.5.2　分子1個の温度という考え方

　前項で述べたように，物理学における温度の定義は「内部エネルギーを体積一定の条件下でエントロピーにより偏微分したもの」です。エントロピーの単位当たりの変化に対応する内部エネルギー変化という物理量は，系の状態関数，すなわち反応・変化経路によらず系の状態で決まる物理量が変化したときに（内部エネルギー U ＝ 移動した熱量 Q ＋ 仕事 W）がどう変化するかという値です。状態関数はどれもアボガドロ数個の原子あるいはイオンを含む系に対して考えられるものということは，私たちの共通認識です。

　これに対して，本項では「分子1個の温度」という考え方を設けます。これは，マイクロ波化学ではしばしば「分子の特定の官能基の局所温度を上げる」という発想に遭遇するからです。このような考えがしばしば想起されること自体は，そう不自然なことではありません。20年前では考えられなかった「分子1個を光励起し，その変化を追跡する」という研究が，現在では可能です。この現実となった光化学における単分子の励起と観測は，同様に振動電磁場を外場エネルギー注入法として利用するマイクロ波化学でも魅力あるものです。

　しかし，ここで私たちが注意しておかなければならないのは，光化学で対象とする可視紫外光のフォトンはマイクロ波とは比べられないくらい大きなエネルギーのフォトンであり，強い粒子性のフォトンによる励起現象

を対象としているのに対して，マイクロ波では粒子性よりもむしろ波動性が見えてくる長波長の電磁波と物質の相互作用を対象としていることです。とは言え実際，NMR 測定によってマイクロ波照射下の分子の特定部位の状態が変化すると主張する論文も発表されているので，言下にマイクロ波による単分子温度上昇を否定することはしたくありません。

　ここでは，「分子 1 個の温度」という考え方が成立するかどうかだけを考察します。熱力学の状態関数と分子を結びつける理論として分子運動論があります。分子運動論では，内部構造をもたない単原子分子の温度 T における分子 1 個の並進運動エネルギーは $\left(\frac{3}{2}\right) k_B T$ です。これがアボガドロ数個集まれば，$\left(\frac{3}{2}\right) RT$ となり，運動エネルギーが分布をもっていることが導入されることになります。この論理を用いて，分子 1 個の運動エネルギーが定義できるなら，分子 1 個の温度を分子 1 個の運動エネルギー $\left(\frac{3}{2}\right) k_B T$ として定義できると考えてみたいと思います。分子 1 個の運動エネルギーは計測することはできませんが，理論的に想定可能という意味として捉えてください。

　マイクロ波によってある分子 1 個の温度が上昇して T_{mw} となったとします。この分子にエネルギー等分配則を援用すると，T_{mw} の分子に対して直線分子なら $\left(\frac{5}{2}\right) k_B k T_{mw}$，非直線分子なら $3 k_B k T_{mw}$ のエネルギーが分配されると考えます。逆に，「分子 1 個の温度」がこのエネルギー値から定義されるということになります。

　この T_{mw} をもって「分子 1 個の温度」の定義ができるという考え方をここで示すことができました。この定義は一般的な意味での温度の定義とは言えませんが，今後，マイクロ波化学では分子に直接エネルギー注入するという考え方をするときには，この「分子 1 個の温度」という考え方を導入しておくことで，議論を進めることが可能となります。

参考文献

[1]　中村潤児，神原貴樹：『理工系の基礎化学』，pp.31-74，化学同人 (2012).

[2]　野村浩康，川泉文男共編，卜部和夫，川泉文男，平澤政廣，松井恒雄共著：『理工系学生のための化学基礎 第 6 版』，pp.8-93，学術図書出版社 (1999).

[3]　脱炭素ポータル，「カーボンニュートラルとは」，環境省，2021.
　　　https://ondankataisaku.env.go.jp/carbon_neutral/about/（2023.10.13 参照）

[4] 経済産業省資源エネルギー庁
     https://www.enecho.meti.go.jp/（2023.10.13 参照）

[5] 令和 2 年度エネルギーに関する年次報告（エネルギー白書 2021），「第 3 節 2050 年
     カーボンニュートラルに向けた我が国の課題と取組」，経済産業省資源エネルギー庁，
     2022.
     https://www.enecho.meti.go.jp/about/whitepaper/2021/html/1-2-3.html
     （2023.10.13 参照）

第 2 章

化学平衡と化学反応速度

2.1　化学平衡の考え方

2.1.1　熱力学の 3 つの法則

　マイクロ波化学でも，通常の化学と同様に化学系に起こる変化は熱力学によって規定され，変化の方向は熱力学における状態関数で決まります。言葉を変えれば，変化は熱力学によって規定される平衡状態に向かって起こります。つまり私たちが扱う化学変化では，その変化がどの方向で起こるか，さらにどのような速度で起こるかということが大事ですが，その方向を決めるのが熱力学ということです。したがって，マイクロ波化学が可能にするいかなる変化もまずは熱力学による検討が必要です [1, 2]。

　まず，熱力学の 3 つの法則から述べたいと思います。熱力学第一法則は，「孤立系では，どのような変化が起こっても系内に含まれる全エネルギーは一定である」という法則です。すなわち，第一法則はエネルギー保存則です。孤立系に流入する，あるいは孤立系から流出する熱と結果的に孤立系内でなされる仕事の量が一定であるという経験的事実が普遍的原理として書き落とされたものと理解することもできます（図 2.1）。最初は，多くの経験がこの原理と矛盾しないということから始まったように思

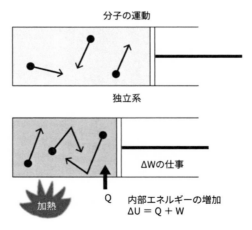

図 2.1　熱力学第一法則（孤立系のエネルギー保存則）

いますが，体系が整うにつれて，普遍的な意味をもつ法則とされた歴史があります。

第二法則は，「均一な温度にある物体から奪った熱のすべてを，外部に何らの影響を与えないで仕事に変えることはできない」という法則です（図 2.2）。この法則から，系の変化の不可逆性が理解でき，その数量的表現としてエントロピーが定義され，新たな熱力学量として導入されます。

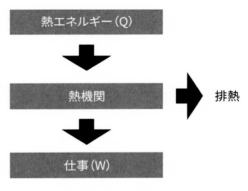

図 2.2 熱力学第二法則

第三法則は，物質が絶対零度 (0 K) に近づくとき，エントロピーも 0 に近づくことを定め，エントロピーの基準を定義するための法則です。つまり，絶対零度 (0 K) では結晶あるいは分子中の運動エネルギーはゼロ，振動ならびに回転のエネルギー準位はゼロポイントエネルギーと呼ばれる最低エネルギー準位をとることになります。

2.1.2 平衡状態

熱力学は物質の状態変化と化学変化のような変化を平衡という概念の上で規定しています。表現の仕方を変えれば，平衡状態という制限の中であるかぎり，私たちは熱力学量を用いて，変化とその程度を予想あるいは理解することができます。例えば，液体の水が水蒸気という気体に相変化するとき，水分子は気体となるための潜熱を系外から受け取る必要がありま

す。この潜熱は，液体中の水分子が水素結合による束縛を断ち切って，孤立分子として 3 次元の自由な並行運動をするために必要なエネルギーに対応します。潜熱として系に与えられたエネルギーは，分子集合体中のアボガドロ数個の分子に対して，ボルツマン分布に従って配分が行われ，並進運動エネルギー，振動エネルギー，回転エネルギーすべてに分配されることになります（図 2.3）。

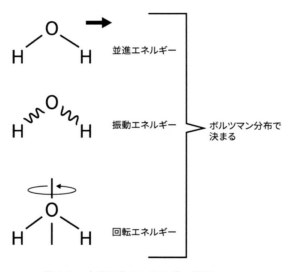

図 2.3　水分子内のエネルギー分配

　このような熱力学的なエネルギー分配は，化学変化においても保持されます。相変化でも化学変化でも，変化は準静的と呼ばれる平衡が保持される極少変化の連続過程を通して起こり，すべての変化は平衡状態が保たれているままで起こるという考え方をすることで，変化は平衡状態を外れることなく起こると考えることができます。

2.1.3　平衡と非平衡

　さて，私たちはここで平衡と非平衡という対立する 2 つの概念を整理し

て理解しておく段階まできました。2.1.2 項で述べたように，通常の相変化あるいは化学変化は，熱力学的平衡を前提として理解することが可能です。この熱力学的平衡は，対象とする変化が極少な平衡を維持した変化，すなわち準静的変化をするとして，通常の相変化あるいは化学変化を理解するために有用です。なぜなら，これらの変化を取り扱う場合，完全に平衡状態を維持することは原理的には不可能ですが，準静的変化という考え方を導入することで，変化を扱うために平衡状態しか扱えない熱力学を用いることが可能になるからです。

　窒素と水素からアンモニアを合成する反応の熱力学考察をしてみましょう。アンモニア平衡濃度は温度と圧力に大きく依存し，600 °Cでは平衡濃度は 40 % にも達しないということが分かります。一方，200 °Cでは圧力の増加とともに 90 % 近い濃度が得られます（図 2.4）。しかしながら，200 °Cという低温では十分な反応速度を得ることができません。そのような状況を踏まえて，現在アンモニア合成に用いられているハーバーボッシュ法では，400 – 600 °C，200 – 1000 kg cm^{-2} という厳しい条件での反応装置の運転を余儀なくされているのです。

　このような理解ができるのは熱力学のおかげです。科学者は，可能なら，できるだけ低温・低圧条件下で，高速でかつできるだけ高濃度のアンモニア合成を可能にしたいと考えてきました。しかし 1kg cm^{-2} で 1 %

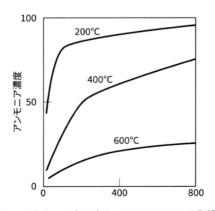

図 2.4　温度と圧力で変わるアンモニアの平衡濃度

以下であるアンモニア平衡濃度は，熱力学的な制約下の熱力学的平衡状態ではこれ以上の濃度を得ることはできません。もし，その制約を破るような高いアンモニア濃度を得るとすると，熱力学の制約を逃れる非平衡状態を発生する手法が必要ですが，未だその手法は見つかっていません。

　私たちは，「マイクロ波化学」を必要とする最大の理由と目的は，非平衡状態を出現させる手法の解明理解と技術化であると考えています。では改めて，非平衡状態とはどのような状態を意味するのでしょうか？　本書の前半の化学概観では，「マイクロ波化学」理解と利用のために必要な化学の基礎を見直すことを目的として，ここまで記述してきました。本章では，既存の化学の基本概念である「化学平衡」について概説していますが，「マイクロ波化学」の本質を論じるためには，化学を「平衡を逃れる新しい化学」として捉え直すことが必要になると筆者は考えています。本書では，非平衡状態を「準静的変化という仮定が破れる状況」として考察を進めます。準静的変化が導入されたのは，カルノーサイクルの考察の過程の検討においてです。

　カルノーサイクルでは，4つの過程が考察されます（図2.5）。この4つの過程は等温圧縮と断熱圧縮の繰り返しですが，それらの変化はすべて連続した極少変化，すなわち「準静的変化」の結果として仮定されます。非平衡状態変化では，このカルノーサイクルの考察において「準静的変化」の仮定が破れ，相変化あるいは化学変化の取り扱いにおいて，極少変化で

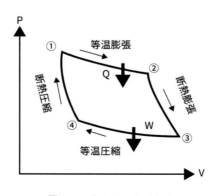

図 2.5　カルノーサイクル

はなく大きな圧力あるいは体積，そして温度の変化を伴う変化を扱うことになります。それは本来の熱力学が扱うことができる変化の条件を外れるのですが，これからどう扱ったらよいのか，それが私たちの現在遭遇している問題で，未だ研究の途上です。

まず私たちは，熱力学とこの学問体系によって規定される化学平衡論を基本的な化学系の原理として確認してきました。そして，ここで系にマイクロ波という新たな外場を入力する化学を扱うために，例外として非平衡状態を想定することが必要となったと，ここで宣言させてください。

2.1.4　マイクロ波による変化を熱力学ではどう扱うか？

熱を加えることで，液体の水は気体の水蒸気へ相変化します。そのときに加えた熱量は定量的に扱うことができ，系の変化は温度だけでなく圧力と体積の変化も入れ込んでエンタルピーという熱力学的状態関数の変化として表現できます。熱力学第一法則で述べられているように，孤立した系のエネルギーは一定です。

ここで，系の外部から系内に入れ込むエネルギーを「外場エネルギー」と呼ぶことにします。マイクロ波化学では，「外場エネルギー」としてマイクロ波エネルギーを入れ込むことになります(図2.6)。マイクロ波照射下の化学系では外界からマイクロ波電磁波が注入され物質との相互作用で熱が発生するので，その熱の供給を通常の熱力学でどう扱うかが課題です。しかも，熱発生速度は通常の熱移動に比べて急速なので，先に記述した準静的変化には対応していないという問題もあります。もともと，熱力

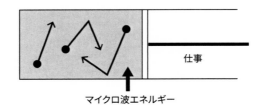

仕事

マイクロ波エネルギー

図2.6　マイクロ波化学：運動する分子（●）が閉じ込められた孤立系に注入されるマイクロ波外場エネルギー

学という学問自体が従来の熱移動における経験則をもとにして構築された体系であることを考えると，本来，マイクロ波のような外場エネルギーを入れ込むことは想定されていないということを念頭に置きましょう。

　マイクロ波のような外場エネルギーを系に入れ込むために，私たちは，マイクロ波エネルギーを定常的かつ比較的速度の速い熱流入として扱うことができる方法をここで導入します。この方法をとることで，マイクロ波化学でも今までの熱力学と同じ形でマイクロ波エネルギーを取り扱うことにしますが，依然，準静的過程という条件は成立していません。

　この方法では，マイクロ波エネルギーは系に流入する熱流として扱うことで対応します。この場合，熱力学的な扱いで大事な準静的変化に対応しないために発生するかもしれないズレを「マイクロ波特殊効果」という未解明の課題として抽出できることが，今は大切です。この大事な課題は，まだこれから理解解明の過程で理論として創ってゆく途中にありますので，本書ではここまでの記述とさせてください。

2.2　化学反応の速度の扱い方と理解

2.2.1　反応速度論の基本的考え方

　本節では化学反応速度について解説します。化学反応速度の定義は，系内における単位時間あたりの化学物質の濃度変化です。この化学反応の速度を扱う物理化学の学問分野は，化学反応速度論と呼ばれます。

　通常，温度一定の化学反応系では，化学反応速度は反応物質濃度の単位時間における減少量あるいは生成物の単位時間における生成量として定義します。この反応速度は反応物質の濃度の関数として表現できる場合が一般的です。反応物質 R と生成物 P とすれば，$-\frac{d[\mathrm{R}]}{dt} = \frac{d[\mathrm{P}]}{dt} = f([\mathrm{R}])$（[R] は反応物質 R の濃度）という化学反応速度式の表現となります。

　最も単純な化学反応速度式は，反応物質の濃度にゼロ次の関数として表現されるものです。ゼロ次ということは，化学反応速度が反応物質の濃度に無関係で一定であるということです。反応速度が反応物質の濃度に 1 次の関数である場合は，反応速度が反応物質濃度 [R] に比例するという表現

50

となり，反応速度式は $-\frac{d[\mathrm{R}]}{dt} = \frac{d[\mathrm{P}]}{dt} = \mathrm{k}\,[\mathrm{R}]$ となります。これを 1 次反応速度式と呼びます。ここで k は反応速度定数です。

このような反応速度式を用いることのひとつの利点は，化学反応物質の濃度の変化を時間の関数として表現することができ，この関数から濃度の項を除いた反応速度定数という反応速度を決めるパラメータを抽出することができることです。この反応速度定数 k は温度にだけ依存する形で表現することができ，さらにその温度依存をアレニウス式 $\mathrm{k} = A\exp\left(-\frac{E_a}{T}\right)$ として解析できます。これにより活性化エネルギー Ea と頻度因子 A という物理的意味を割り当てられるパラメータを抽出できることが重要です。

アレニウス式中の指数項の中にある活性化エネルギーは，化学反応において原系が生成系に進むために乗り越える必要のあるエネルギー障壁の高さと理解できます(図 2.7)。言葉を変えれば，反応物質が生成物に変化するために通過するエネルギー障壁です。反応系の温度を上げると系自体のエネルギーが上がり，このエネルギー障壁を越える確率が上がると考えれば理解しやすいでしょう。このエネルギー障壁の頂点に対応する状態は，化学反応の遷移状態と呼ばれています。

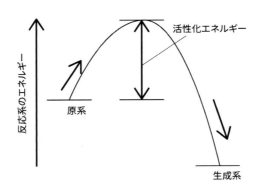

図 2.7　原系と生成系そして活性化エネルギー

一方，指数項の前にある前指数項 A は頻度因子と呼ばれます。この因子は化学反応のエントロピー障壁に関連させることができます。イメージ

的には，例えば 2 種類の分子間の反応であれば化学反応に結びつく分子間衝突の頻度を表現する項です。

　分子は系内でランダムな並進運動と回転運動をしており，2 分子がたまたま位置条件を満たす衝突をしたときに化学反応が起こるという考え方をします。例えば，有機化学の基本的な反応の S_N2 反応を考えると分かりやすいかと思います。S_N2 反応の代表例である CH_3I と Br^- の反応では，あたかも炭素原子を中心にして脱離基である I の反対側から Br^- が衝突するような反応の図が描かれています（図 2.8）。この衝突時の反応分子とイオンの相対的位置が反応の確率を決めるという考え方です。先ほど説明した遷移状態とは，例えば図 2.8 の中央の [ ] の中の状態に該当し，Br-が反応するメチル基に結合を作り始め，同時に I-がメチル基から離れ始めている状態です。

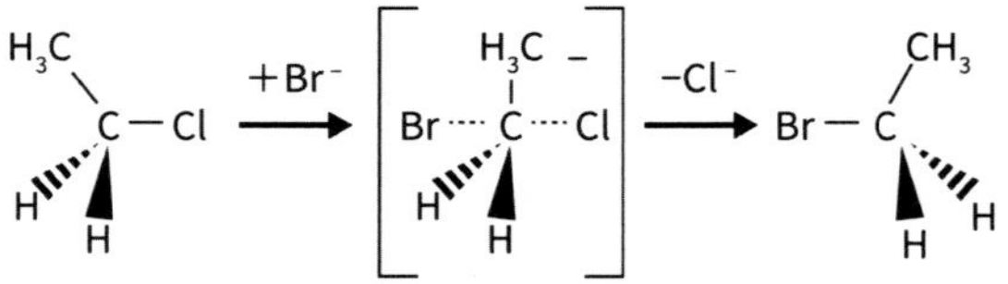

図 2.8　　S_N2 反応の代表例である CH_3I と Br^- の反応

2.2.2　素反応という考え方

　化学反応式は通常，反応物質と生成物を表現する原系と生成系のみで表現されています。例えば，

$$A + B \to C + D$$

といった具合です。確かに，通常の化学反応を観察するときには反応物質が減少し，同時に生成物が増加する現象が見えるだけです。

　しかし，多くの化学反応は反応物質が直接生成物に変化するような単純な過程ではなく，いくつかの段階に分かれて起こることがわかっています。例えばメタンの酸化反応ひとつをとっても，

$$CH_4 + O_2 \to CO_2 + H_2O$$

が化学反応式ですが，実際には一酸化炭素が中間体として生成し，さらに
この中間体が二酸化炭素に酸化され，最終的に完全酸化反応となる場合が
あります。

このとき，一酸化炭素は安定な中間体です。しかし，不安定であるため
に通常の実験手法ではその生成が確認できないような中間体を経て化学反
応が進行することは珍しくありません。このような中間体の生成も加え
て，化学反応式は一連の素反応に分解記述することができます。その内容
は，反応系によって異なりますが，一例を挙げればメタンの酸化反応は以
下の素反応として書き落とすことができます。

$$CH_4 + O_2 \rightarrow CH_3 + HO_2$$

$$CH_3 + O_2 \rightarrow CH_3O_2$$

$$CH_3O_2 \rightarrow\rightarrow\rightarrow CO \text{（途中省略）}$$

$$CO + O_2 \rightarrow CO_2$$

これらの素反応中に表れる不安定な中間体も，種々の分光法で検出・定量
することが可能です。

2.2.3　反応の温度依存性の理解――遷移状態理論の概説

化学反応の温度依存性を考えるとき，温度が高いほど反応速度が高くな
ると考えるのが一般的です。ただし，実際の化学反応は複数の素反応から
構成されており，その結果として見かけ上，高い温度での反応速度が遅く
なることもあります。

しかし，このような場合でも素反応に分解すれば，すべての素反応で温
度が上がれば反応速度は加速され，アレニウス式に従っていることが分か
ります。先に述べたように，アレニウス式は指数項と前指数項がかけ算で
結びつけられた形となっており，それぞれの物理化学的な意味を分離して
考えることができます。この描像を反映した化学反応速度の理論的取扱法
として有用な遷移状態理論（絶対反応速度論または活性錯合体理論とも呼
ばれます）があります。

ここで反応座標とポテンシャルエネルギー曲面という２つの術語を使い
ます。反応座標とは化学反応の進行度を意味しますが，具体的には反応の

進行に従って変化する化学結合距離などを用います。ポテンシャルエネルギー曲面は，系のエネルギーを反応座標に対してプロットした多次元の面で，反応が進むに従って系がこの上を移動してゆきます(図 2.9)。

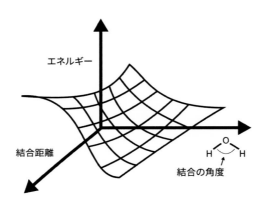

図 2.9　水分子のポテンシャルエネルギー曲面

　例えば，2 原子分子 AB について，原子 A と原子 B の距離の関数としてポテンシャルエネルギー曲面を表現する曲線を描いてみましょう(図 2.10)。A と B の結合距離が延びてゆくにつれてポテンシャルエネルギーが増加し，極大を通って，それぞれの原子に分離してゆくとポテンシャルエネルギーは下がりますが，A‐B 間の結合エネルギーによる安定がない分だけ，ポテンシャルエネルギーは原系より高いままで一定となります。分子を構成する原子が増えれば，それぞれの原子の異なる位置に対してエネルギーが変化するため，図 2.9 のような多次元のポテンシャルエネルギー曲面が描けることになります。

　図 2.9 のようなポテンシャルエネルギー曲面から，反応により変化する対象となる原子間距離の極大でかつ他の原子の座標にとっては低いポテンシャル面を探すことができます。このような位置を鞍点と呼びます。ちょうど，乗馬に使う鞍のような面構造となるからです。この鞍点に対応する構造が，遷移状態（あるいは活性錯合体）として定義されます。遷移状態理論では，遷移状態と反応物質との間に平衡が成立すると仮定します。本

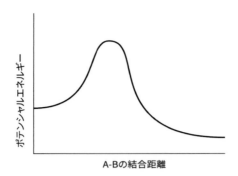

図 2.10 分子 AB のポテンシャルエネルギー曲線

書では，物理化学的な式を用いた検討は行わず，遷移状態理論で結論とし
て導出される式だけを考察しましょう。以下にその式を示します。

$$k = \left(\frac{k_B T}{h}\right) exp\left(\frac{-\Delta G^{\circ \ddagger}}{RT}\right)$$

この式において，それぞれの記号は，k:反応速度定数，k_B:ボルツマン定
数，T:系の温度，h:プランク定数，$-\Delta G^{\circ\ddagger}$:遷移状態の生成自由エネル
ギー（活性化自由ギブスエネルギー），R:気体定数です。

　結果的に得られる式では，指数項内で活性化自由ギブスエネルギーが
RT によって除された形で現れます。なお，この活性化自由ギブスエネル
ギーは活性化エンタルピー変化と活性化エントロピー変化に分離すること
ができます。すなわち，量子化学的手法を用いて，遷移状態の熱力学的数
値を計算できれば反応の速度定数が理論的に決定できることになります。

　また，この遷移状態理論によって得られる式とアレニウス式を対比する
ことによって，もともと経験式であったアレニウス式に物理的な意味を当
てはめることができます。先述のように活性化自由ギブスエネルギーはエ
ンタルピー項とエントロピー項に分離できます。また，定圧変化系ではエ
ンタルピー変化は系に出入りする熱に等しいので，これは活性化エネル
ギーの概念と一致し，さらに，前指数項すなわち頻度因子がエントロピー
を関数とする項に対応することが示されます。これにより，前指数項すな
わち頻度因子が反応系の分子の反応衝突配向に関係する直感と一致するこ

とが示されたことにもなるわけです。

2.2.4　マイクロ波の反応速度への影響

　マイクロ波照射下における化学反応では，しばしば反応が完結するまでの反応時間の短縮が報告されています。これは言葉を変えれば，化学反応速度の加速効果が見えていることになります。マイクロ波照射下における化学反応速度の変化をどう考察するのが適切でしょうか。

　第一に留意しておきたいのが，温度測定方法の適切さです。マイクロ波照射下では，電磁波と相互作用のない温度計を選ぶ必要があります。その条件を満たす温度計としてはファイバ温度計と赤外温度計を推奨します。これらの温度計を適切な方法で使用して温度を計測した化学反応実験を行うのが前提になります。

　第二の留意点は，化学反応系内の温度分布の存在です。マイクロ波照射下では，誘電損失，ジュール損失，さらに磁性損失という 3 つの発熱機構による発熱現象が起こり，これらが不均一な温度分布を引き起こします。液相均一系の反応系において通常の有機合成反応実験と同じように十分な攪拌を行っている反応系においてでも，マイクロ波照射下では温度分布が局部に生じることがあります。これは，マイクロ波発熱が極めて急速なため，伝熱や攪拌による温度均一化が間に合わないために起こる現象です。

　マイクロ波照射下ではマイクロ波が反応溶液の複素誘電率の値に応じた浸透深さまで侵入し，反応溶液との相互作用によって発熱するので，溶液の内部で発熱が起こります（図 2.11）。結果的に，反応溶液の中心部あるいは中心上部に高温部が発生します。固体を含む固体－固体反応系，あるいは気体－固体反応系では，固体表面あるいは内部で発熱が起こり，攪拌はできませんので，温度分布の発生が問題となる場合が多いのです（図 2.12）。

　通常の化学反応速度論は，化学反応系の温度はすべて均一であることを前提に論理体系が組まれています。マイクロ波化学で取り扱う化学反応系において，化学反応速度を測定し，そのデータを議論するときには，温度分布の存在を確認・測定し，それをどう扱って化学反応速度を議論するのかを考えておくことが大事です。

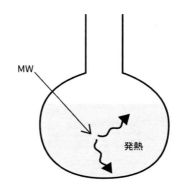

図 2.11 マイクロ波照射下で溶液反応系内に起こる内部加熱

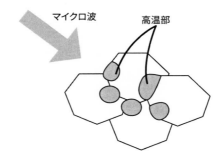

図 2.12 マイクロ波照射下で固体反応系内に発生する温度分布

　第三の留意点は，化学反応系内における振動電磁場の分布を考える必要があるという点です。振動電磁場としてのマイクロ波は，反応容器に照射するためにキャビティと呼ばれる金属容器に閉じ込める必要があります。このとき，このキャビティの形状とサイズによってマイクロ波のキャビティ内部での分布が一義的に決まります（図 2.13，5.3.2 項参照）。キャビティ内に物質を挿入すると，マイクロ波の分布は，化学反応系内の物質との相互作用によって変化します。具体的には，化学反応系の物質の形状，サイズ，複素誘電率の数値が相互作用を決めることになります（図 2.14，第 5 章参照）。マイクロ波の分布自体が化学反応系に対するマイクロ波との相互作用を決めることになりますので，化学反応系を含むキャビティ内

のマイクロ波分布を知っておくことは，マイクロ波化学実験では基本的か
つ重要です。

　しかし，マイクロ波は目視できません。また，その分布を計測するとし
ても，その技術を化学反応系内に持ち込むにはいろいろと課題があり，未
だそれが可能となるところまではきていないのが実情です。

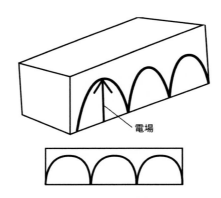

図 2.13　キャビティ中のマイクロ波分布の例

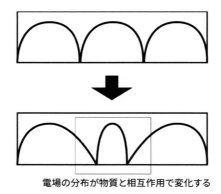

電場の分布が物質と相互作用で変化する

図 2.14　物質の挿入によって変化するキャビティ中のマイクロ波分布

　ここでは問題指摘だけとなりますが，上記の課題を考察するときに極め
て大きな助けとなるのが，シミュレーション技術です。この内容は，本書

後半（第 4 章〜付録）の藤井知担当部分で解説されています。

参考文献

[1] 中村潤児，神原貴樹：『理工系の基礎化学』，pp.77-120，化学同人 (2012).

[2] 野村浩康，川泉文男共編，卜部和夫，川泉文男，平澤政廣，松井恒雄：『理工系学生のための化学基礎 第 6 版』，pp.105-155, pp.190-212，学術図書出版社 (1999).

第3章

マイクロ波はどのように
物質と相互作用するか？

3.1　マイクロ波照射下の発熱現象の理解

3.1.1　基本的な機構

　マイクロ波照射下で見られる発熱現象の基本的な機構には誘電喪失，ジュール損失，磁性損失の 3 種類があります [1]。

(a) 誘電損失

　水などの誘電体は，誘電損失という現象によりマイクロ波エネルギーを熱に変換します。例えば，水中では，電場ベクトルに合わせて水分子の双極子が運動します。まず，静電場内での双極子モーメントの挙動をおさらいしましょう（図 1.13 および図 1.14）。

　プラスとマイナスの電極を用いて静電場を加えた場合には，水分子の双極子モーメントが電場の逆方向に並列した状態が安定です。そのため，その方向にすべての分子が配列しようとして，安定な位置を中心に熱運動している状態となります。この静電場のプラスとマイナスが入れ替わった場合には，水分子双極子も逆に回転して安定な位置をとります。

　この運動が，2.45 GHz のマイクロ波照射下では，2.45 GHz の周期，すなわち毎秒 2.45 億回起こっていることになります。水分子がこの周期に遅れず，完全に追従している間は発熱が起こりません。しかし実際には水分子は単独で回転することはなく，周囲の水分子と水素結合を通じて集合体を形成しており，2.45 GHz の交番電場の運動には追従できずに遅れが起こり，周囲にその遅れ分のエネルギーを熱として分配します。これが誘電損失によるマイクロ波発熱現象です。

　なお，マイクロ波には振動電場に直交した振動磁場がありますので，磁性体と相互作用する場合には磁子との相互作用による磁性損失による発熱が起こります。金属ニッケル，コバルト，鉄やフェライト，マグネタイトなど，磁性体が被照射体の場合には，この磁性損失が発熱の主な機構となる場合があります。磁性損失について詳細は本項 (c) で説明します。

(b) ジュール損失

　一方，食塩水は水よりもさらに大きなマイクロ波発熱を起こします。食

塩水中の塩化ナトリウムは，ほぼ 100 % 電離してナトリウムイオンと塩素イオンとなっていますので，これらのイオンはマイクロ波の振動電場と相互作用し，結果的にイオン電流が発生します。このイオン電流が水中の抵抗によるジュール発熱を起こし，マイクロ波エネルギーを熱に変換します（図 3.1）。これがジュール損失によるマイクロ波発熱現象です。

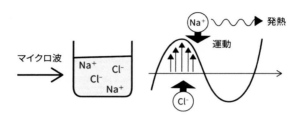

図 3.1　マイクロ波が食塩水と相互作用して起こるジュール発熱

(c) 磁性損失および固体特有の損失

　固体とマイクロ波の相互作用では，誘電損失とジュール損失による発熱機構に加えて，磁性損失による発熱機構が加わります。磁性損失は，ヒステリシス損失，渦電流損失，残留損失の 3 種から構成されていますが，これらは磁性体特有の損失機構です。固体結晶の場合，水分子やアルコールのように分子双極子が自由に運動回転することはありませんが，マイクロ波振動電場の電場交番に同期した固体を構成する原子あるいは原子の集団の振動運動は起こります（図 3.2）。固体中では，構成原子間で電荷の移動があり，その程度によって正電荷と負電荷の偏りがあります。その結果，固体中には局所的な双極子が生じています。

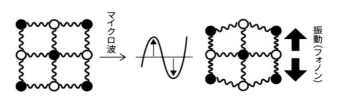

図 3.2　結晶固体中の双極子とマイクロ波の相互作用

63

　また，固体化合物の特徴として欠陥構造があります。結晶構造の中の格子以外の場所に原子が存在したり原子が存在するべき格子に空孔があったりする欠陥構造では，電子が入り込んでいるカラーセンターができたり種々の電荷の偏りが発生したりしますので，この欠陥構造もマイクロ波の振動電場と相互作用することになります。結果的に，固体でもマイクロ波の振動電場との相互作用により誘電損失による発熱現象が起こります。

　さらに固体の場合，電子構造によっては自由電子が発生し，あるいは半導体であれば熱励起電子も発生しますので，これらの電子はマイクロ波の振動電場と相互作用しジュール発熱機構の源となります。

(d) 機構の考察

　(a)〜(c) をまとめて定式化すると下記となります。

$$P = pf\varepsilon_0\varepsilon_r'' |E|^2 + pf\varepsilon\mu_0\mu_r'' |H|^2 + \frac{1}{2}\sigma |E|^2$$

この式から，第一項の誘電損失の発熱量は周波数 f，電場 E の 2 乗，誘電損失係数 ε_r'' に依存することが分かります。同様に，磁性損失では周波数 f，磁場 H の 2 乗，磁性損失係数 μ_r'' に依存しますが，この磁性損失は固体の場合に限定されます。ジュール損失では，溶液の電気伝導度 σ，電場 E の 2 乗に依存します。実際の化学反応系では，この 3 種の発熱機構のどれかが主として起こりますが，複数の機構が重なって起こることも考慮する必要があります。

　この機構の考察から，マイクロ波化学系を設計するときには，反応系の物性を計測する必要があることが分かります。一般的には，極性の高い分子が高い誘電損失係数をもっています。したがって，極性な化学物質のほうがマイクロ波発熱は起こりやすく，逆に非極性物質はマイクロ波と相互作用が弱く，かなり深く浸透する，あるいは透過すると予想できます。

　有機化合物について具体的に記述すれば，アルコールやグリコールなどの酸素原子を有する化合物は，その極性のためマイクロ波加熱の程度が大きく，ヘキサンやトルエンなどの非極性化合物はマイクロ波との相互作用が弱いという予想です。なお，同じアルコールでも，メタノールとエタノールでは誘電損失係数はそれぞれ 13.1 と 6.9 と異なりますので，この

差はマイクロ波加熱においてメタノールの温度上昇がエタノールよりも格段に速いということが予測できます(図3.3)。

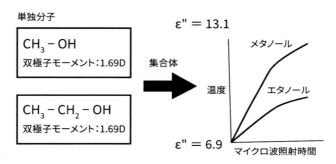

図 3.3 分子サイズと誘電損失係数:メタノールとエタノールの例

3.1.2 マイクロ波発熱機構

前項の単純な誘電損失,ジュール損失,磁性損失では理解できないマイクロ波発熱機構があるので触れておきたいと思います。

固体と固体が面で接触する界面では,界面分極が起こる場合があります。すなわち,仕事関数(電子が物質表面から脱出するために必要なエネルギー)の異なる物質の接触界面では電荷の移動が起こり,界面に電気双極子が発生することがあります。マイクロ波の振動電場はこの双極子と相互作用して損失し,その場合には界面における選択的局所加熱が起こると考えられています(図3.4)。

実際に筆者の研究グループは,スズ透明電極上に形成した酸化チタン薄膜では,その界面でマイクロ波発熱が局所的に起こることを観察しました。マイクロ波と物質の相互作用による発熱現象は電磁波の挙動に密接に依存しており複雑です。特に,固体表面や複雑な形状の物質では,まずは電磁場の分布から理解し,さらに発熱現象を直接観測して解析することが必要となります。

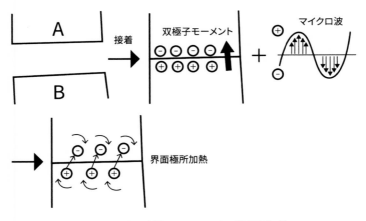

図 3.4　　界面分極によるマイクロ波局所加熱

3.2　誘電率と誘電損失を化学の目で考える

　誘電率とは，その物質の誘導分極の大きさを表したものです。電圧をかけた 2 枚の金属版の間におかれた物質に電荷を蓄積するコンデンサの描像からイメージされるように，物質が電荷を貯めることができる程度を定量的に表すのもこの数値です。静的な電場をかけた状態では誘導分極も静的な状態で発生していますが，振動電場をかけた状態では，分極が交番電場の変化に依存して変化します。その変化の追従のしやすさによって，誘電損失を理解することができます。

　誘電損失は，振動電場を誘電体に加えたとき，そのエネルギーの一部が熱となって失われる現象です。一定の周波数のマイクロ波，例えば 2.45 GHz に対して，回転慣性モーメントの小さな分子，すなわち回転しやすい分子の誘電損失係数は小さい傾向があります。一方，回転が遅い大きな分子では損失係数は大きくなるという傾向を考えてみるのもひとつの考察法です（図 3.5）。図 3.3 に異なる双極子モーメントを有する分子のマイクロ波加熱の違いの理解のためにメタノールとエタノールの例を挙げました。誘電損失係数の数値の違いも同じように理解することができます。

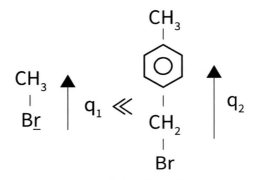

図 3.5 分子の大きさと誘電損失係数（q は双極子モーメント）

3.3 マイクロ波加熱の特長：加熱モードと局所加熱現象

今まで記述してきたマイクロ波と物質との相互作用における発熱機構を理解すれば，マイクロ波加熱における 3 つの特徴的な加熱モードが理解できます。すなわち，1) 迅速加熱，2) 内部加熱，3) 物質選択的加熱です（図 3.6，5.6.2 項参照）。

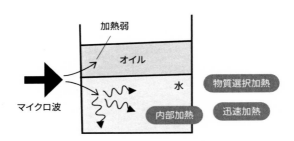

図 3.6 マイクロ波の 3 つの特徴的な加熱モード

マイクロ波は物質に浸透し，誘電体との相互作用あるいは磁性体との相互作用によりエネルギー損失を起こした結果，発熱を起こします。物質内

67

部からの加熱のため振動電磁波の浸透と熱への転換の速度は通常の熱移動よりも極めて速いので迅速加熱の特徴が表れ，また誘電損失係数あるいは磁性損失係数の大きな物質を選択的に加熱することができます。電磁波としてのマイクロ波は，熱伝導とはまったく無関係に光の速度で物質に浸透するマイクロ波エネルギーを熱に変換するので，迅速な加熱現象に結びつくことになります。

　これらの特徴的なマイクロ波加熱モードに加えて，最近，マイクロ波特有の局所加熱現象が明らかになり，さらにこの局所加熱現象を利用したマイクロ波化学技術が改めて注目されています。ここでは，無機化合物粉体の充填層に対してマイクロ波照射したときの局所加熱に注目してみましょう。

　充填層とは，径が 1 μm - 1 mm 程度の粒子が密に詰まった状態です。完全球体の最密充填では，理論的には充填率が 70 - 80 ％までの高い値が出ていますが，通常のランダムな形状の粒子では 50 - 60 ％程度の充填率です。これは，固体触媒の反応実験，無機化合物粉体の焼成，金属精錬，セラミックス焼成などで見られる系として考えればよいかと思います。

　ここで考えるモデルは固体触媒反応のラボ実験を想定しています [2]。円柱形の触媒層で，この円柱形触媒層の径は 10 - 20 mm，高さ 10 - 30 mm 程度と，通常のラボ実験で使用される標準的な系を考えます（図 3.7，5.6.2 項参照）。では，この触媒層にマイクロ波を照射したときに，マイクロ波の電磁場がどのように分布し，その結果，どのような温度分布が発生

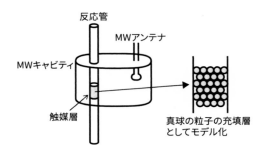

図 3.7　固体触媒充填層モデル

するか考察します。

　マイクロ波の浸透と分布は，触媒層を構成する物質の誘電率と幾何学的構造で決まります。また，触媒層内の温度分布は，触媒を構成する物質の物性，主にマイクロ波との相互作用と熱への損失を決める複素誘電率と熱移動を決める熱伝導度で決まることになります。これに加えて，触媒層を入れる反応管と反応管周りの環境の熱移動特性によって，マイクロ波照射下の定常状態における触媒層内温度分布が決まります。

　このような系でしばしば実験者が経験する温度分布は，触媒層中心に温度の極大があり，そこから触媒層の側面と上下に向かって温度勾配が発生する形です [2]。この温度分布は，温度センサーを触媒層内に挿入することで実測し，さらに電磁場と熱流束を連成的にシミュレーションすることでも解析的に検証することができます。これを「mm オーダーの局所加熱」と呼ぶことにいたします(図 3.8)。

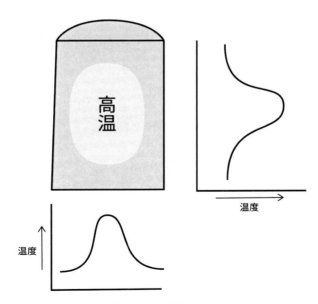

図 3.8　マイクロ波による固体触媒充填層内の mm オーダーの局所加熱

　さらに，触媒層を構成する粒子を拡大してゆくと，今度は触媒粒子同士の接触点に電場の集中が起こり，そこに局所的な高温が発生していることが実験的に観察されます。また，これはシミュレーションによっても理論的に説明できます [3]。これを「μm オーダーの局所加熱」と呼ぶことにします（図 3.9）。まずは，この 2 つの異なるサイズレベルの局所加熱は，マイクロ波照射下だけで起こる局所加熱モードであることを読者のみなさんと確認したいと思います。

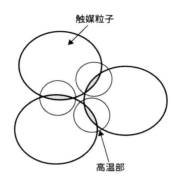

触媒粒子

高温部

図 3.9　マイクロ波による固体触媒充填層内の μm オーダーの局所加熱

　最後に「nm オーダーの局所加熱」について述べます。ここで対象とするのは，貴金属ナノ粒子を高表面積担体に担持した触媒です。例えば，Pt/Al_2O_3 や Pd/SiO_2 などがこれにあたり，これらの触媒は貴金属が水素-水素結合の活性化や C-H 結合の活性化に高い活性を有していることから，多くの石油化学プロセスで工業的にも用いられています。

　筆者の研究グループは，マイクロ波照射下でこれらの担持触媒を用いることで貴金属ナノ粒子が局所選択的に加熱されることを証明しました（図 3.10）。例えば，Pt/Al_2O_3 では，Pt ナノ粒子の温度は担体である Al_2O_3 よりも 100 ℃高い状態が観測されています。金属ナノ粒子だけの温度は通常の温度測定法では測れません。X 線吸収分光を用いる特殊な技術を用いているのですが，ここではその技術内容については触れませんので，ご興味のある読者は参考文献をご覧ください [4]。

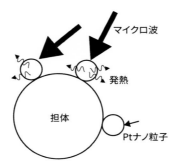

図 3.10　マイクロ波による固体触媒充填層内の nm オーダーの局所加熱

　以上の局所加熱現象は，マイクロ波照射下における特有の現象として重要です。これらは，固体触媒反応系，セラミックス焼結，金属精錬など，固体粉体の充填層を反応系の主な構成要素とする場合には，マイクロ波化学にとって重要な現象として捉えておいてください。

3.4　マイクロ波照射下で見られる反応促進と特殊効果

3.4.1　反応促進の例：溶液反応に対する MW 効果研究

　有機合成反応におけるマイクロ波利用は，1986 年の 2 論文の発表が初出で，その後多くの研究論文が公表されています。2 論文の主張する内容は，いくつかの代表的な有機合成反応に対してマイクロ波照射下と通常加熱下で比較すると，マイクロ波照射下では反応時間が大きく短縮するというものです。反応時間が短縮するという記述は，言い換えれば反応速度が促進されたという意味となります。化学反応では反応機構が変わらなければ反応速度は温度に依存し，高温ほど反応速度は速くなります。一方，反応機構自体が変わる場合にも反応速度が変化することがあります。

　Gedye [5] と Giguere [6] の 2 論文の内容を例として考察します。Gedye がマイクロ波照射下で行った化学反応は，アミドの加水分解，ト

ルエンの酸化，有機酸のエステル化，4-シアノフェノキシドイオンによる
塩化ベンジルの 2 分子求核置換反応 (S_N2) 反応です。それぞれの溶液反
応に対して，マイクロ波照射下と通常加熱下で同程度の収率が得られるた
めの反応時間を計測し，どの反応についてもマイクロ波では 20 分以内，
多くは数分で，数時間あるいは 10 時間以上もかかっている通常加熱と同
等の収率が得られるというデータが提示されています。

　気を付けたいのは，通常加熱実験は常圧還流下の反応であり，マイクロ
波照射はテフロン製容器中にシールした反応容器であることです。テフロ
ン中で反応物質を含む溶媒をマイクロ波加熱すれば容器内圧力は 1 気圧を
越えて上昇し，沸点よりかなり高温になっていると考えられます。した
がって，この Gedye の実験ではマイクロ波加熱反応に対する高温状態が
正確には考慮されていないという問題があります。Gedye もこの問題は
認識しており，論文中では，「マイクロ波は高温と高圧を簡便に得るツー
ル」としています。

　一方，この Gedye の論文を受けて，Giguere らはマイクロ波技術を有
機合成反応に利用するための安全性の検討と温度測定を行い、これをまと
めた論文を即座に発表しました。Giguere は温度測定の問題を認識してお
り，容器内に融点の明確な化合物を封入して温度計として用いることで，
温度計測の誤差を 5 ℃以内と見積もりました。Giguere の論文では，マイ
クロ波照射下で Diels - Alder 反応，クライゼン反応，エン反応を行うと，
大幅な反応時間の短縮が起こることがデータとして提示されています。

　しかしながら，これらのデータでは温度範囲は記されていますが，マイ
クロ波が単に高温・高圧を発生しただけなのか，それともこれらの反応条
件の他にマイクロ波特有の化学反応促進効果があるのかは判断できませ
ん。また，Giguere らもそこまでは言及していません。

　いずれにしても，同じ温度で行った実験であるにも関わらず，通常加熱
では一昼夜加熱することで反応が完結しているのに対し，マイクロ波では
15 分で反応が完結しています。このようなマイクロ波を利用した有機合
成における反応時間短縮効果は，この 2 つの論文が発表された後で，大量
に発表されることになりました。この時期には，電子レンジを改造した
マイクロ波反応器内に入れたフラスコ内の有機合成反応が多く報告され

(図 3.11)，しかもその機構は仮説こそ提案されてはいましたが，実験的な根拠はないと言っていい状況でした。

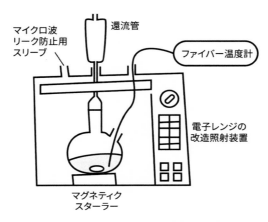

図 3.11 マイクロ波を用いた有機合成実験装置

　しかしながら，この反応速度促進効果は，「マイクロ波特殊効果」という呼び方をされ始めます。最初は反応時間が短縮するという定性的なマイクロ波効果から始まったこれらの議論も，化学反応速度を計測し，その温度依存性を測る実験結果が当然，報告され始めました。

　このような反応速度論を利用したマイクロ波特殊効果の検討研究が数多く発表され，例えば，Loupy というフランスの化学者は，マイクロ波特殊効果を極性の大きな反応の遷移状態がマイクロ波電場により安定化するために活性化エネルギーが低下するという仮説を提案しました(図 3.12)[7]。しかしまだ実証されていないこのマイクロ波特殊効果は，次第に化学者の間では疑念を唱える者も出てくるようになりました。そしてアメリカ化学会の Journal of Organic Chemistry 誌の投稿規定には，2005 年より「単に調理用マイクロ波オーブンを利用した化学合成実験の結果は論文としては受理をしない」という記述が加えられるに至りました。

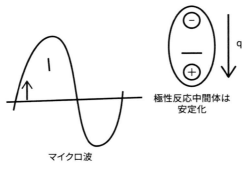

マイクロ波

極性反応中間体は
安定化

図 3.12　Loupy の仮説

　そして，2013 年には，論文誌上でマイクロ波特殊効果に関する論争が起こりました。それは，Loupy の仮説のもととなっていた有機合成反応の結果が，実は温度測定の不正確さが原因の誤ったデータを根拠としているという論文をオーストリアの化学者 Kappe が発表したことに端を発します [8]。科学研究では，仮説を提案した提案者による検証データが他の研究者によって覆されることがあり，これが科学研究の正当性を支えています。Kappe は，マイクロ波照射下の溶液内の温度分布が実際は不均一であるのを均一な温度と見なして，通常加熱の実験結果と比較した場合に反応速度が加速し，「マイクロ波特殊効果」として観測されたという主張を論文として発表しました。確かに，Kappe が主張する温度測定法の確からしさは極めて重要な課題です。彼は，マイクロ波照射下ではたとえ攪拌を行っていても，反応溶液の上下の位置では温度に差があり，反応溶液内に温度勾配があることを実験的に示しました（図 3.13）。Kappe が立ち上げたこのマイクロ波特殊効果の論争は最終的な結論には未だ至っていません。

　マイクロ波加熱が極めて迅速であり，かつ反応溶液内の浸透深さが反応溶液の複素誘電率で決まるという物理現象の結果として，たとえ攪拌した反応溶液でも温度勾配が発生することは避けられないと言えます。しかし一方，このような温度勾配では説明できないマイクロ波特殊効果を発表した論文があるのも事実です。

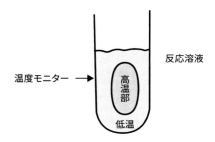

図 3.13　Kappe が示した有機化学合成容器内の温度分布

　一例を挙げるとすれば，2013 年に Chem. Comm. 誌に掲載された山田の"Microwave effect on catalytic enantioselective Claisen Rearrangement" という論文が適切です [9]。この研究では，通常加熱では 4,320 分かかるクライゼン転移反応がマイクロ波照射下では 20 分に短縮されることを報告しています。見かけ上，この反応時間短縮は他の多くのマイクロ波特殊効果論文と類似していますが，本質的に異なる重要な結果として理解しておきたいと思います。大事なことは，この反応では温度の効果が反応のエナンチオ選択性を指標にして排除されていることです（図 3.14）。

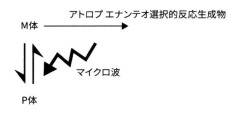

図 3.14　山田論文が示すマイクロ波「非熱的効果」

　図 3.14 では，具体的な分子構造は表示せず，反応形式のみ図式化しています。ここでは，ヘリシティーあるいは軸不斎と呼ばれる M 体と P 体の間の異性化反応がマイクロ波によって促進されること，また，M 体だけから生成するアトロプ反応の生成物のエナンチオ選択性がマイクロ波照

射下では低下しないことから，このマイクロ波による反応時間短縮は，マイクロ波加熱の効果によるものではないことが保証されています。多くのマイクロ波効果論文では，著者たちが主張する非熱的な効果とマイクロ波の加熱効果との区別ができていません。それはマイクロ波照射系では，多かれ少なかれ反応系の温度上昇を免れることができないからです。しかし山田の研究では，もし加熱効果であればエナンチオ選択性低下が起こるはずで，この選択性が保たれていることが，温度効果でないことを同時に証明していることになります。すなわち，「非熱的効果」の存在を証明した貴重な論文と言えます。

　本項では溶液内での有機合成反応に対するマイクロ波特殊効果の例を数例挙げたにすぎませんが，現在もマイクロ波特殊効果に関する論文は数多く発表されており，その中には，温度勾配などによる「マイクロ波熱的特殊効果」と呼ぶべきものと，それでは説明できない「マイクロ波非熱的特殊効果」と呼ぶべきものの双方が含まれていることに注意を払っていただきたいと思います。

3.4.2　反応促進の例：固体触媒反応

　固体触媒反応，あるいは気固触媒反応と呼ぶ化学反応系があります。石油は，原油として地中からくみ上げた後に固体触媒反応により種々の処理を経て，有用な化合物に変換された後で製品となります。例えば，接触クラッキングという化学プロセスでは，固体酸触媒を用いて原油中の炭化水素を炭素数 2 から 6 の間，すなわち，エチレン，プロピレン，ブテンなどのアルケン，さらにベンゼン，キシレン，トルエンなどの芳香族に変換します。

　この固体触媒反応にマイクロ波照射が使われる研究開発が進められています。接触クラッキングの場合には，種々の固体触媒系についてマイクロ波照射下では反応速度の加速が観察されます。あるいは，反応温度の低温化として観察される場合もあります。これらの現象は大型石油化学プロセスの省エネ化に利用できると期待され，マイクロ波効果として研究発表がなされています。これらの研究では，その反応速度加速効果の要因として，先に解説した触媒充填層内の局所的な高温加熱現象が働く可能性があ

ると考えられています。

　固体触媒は通常，μm サイズの粒子を押し固めた mm サイズのペレット です。一方，マイクロ波の浸透深さは，触媒を構成する物質の複素誘電率 と照射するマイクロ波の周波数に依存しますが，cm オーダーであること が多いです。そのため固体触媒へのマイクロ波照射では，マイクロ波は触 媒層内で熱に変換し，触媒層内で発生した熱は内部に蓄積すると同時に， 触媒層周囲に拡散輸送されます。その結果，触媒層中心部の温度が最高 で，中心から触媒層上下と側面にいくに従って温度が下がる勾配が発生し ます（図 3.8 参照）[2]。

　さらに，振動電場は触媒層を構成する粒子と粒子の接触点に集中するこ とがわかっています（図 3.9 参照）[3]。これは，μm オーダーの局所加熱 であり，通常の温度センサーでは計測できません。通常の温度センサーで は，mm から cm オーダーの領域の平均温度を計測することになるので， この高温スポットは見逃されることになります。

　固体触媒では，活性成分である貴金属のナノ粒子を高表面積の無機酸化 物担体に担持したものが用いられる場合もよくあります。例えば，白金 を担持したアルミナ Pt/Al_2O_3 のような触媒が代表的なものです。この 触媒をマイクロ波照射すると，担体である Al_2O_3 に比較して，Pt ナノ粒 子の温度が 100 ℃高い状態に局所加熱されることはすでに解説しました （3.3 節参照）[4]。この触媒系では，化学反応は Pt ナノ粒子表面だけで起 こります。そのため見かけの測定温度に比べて 100 ℃高い Pt ナノ粒子上 で反応が進行するので，反応温度の低下として観察されることになりま す。この担持触媒系では，マイクロ波はナノスケールの反応場だけに化学 反応エネルギーを直接注入する手法として使われることになり，大きな省 エネ効果が期待できます。

　ここまで述べてきたように，固体触媒層内にマイクロ波によって発生す るサイズの異なる mm オーダー，μm オーダー，nm オーダーの局所加熱 は，固体触媒反応の見かけの加速効果，あるいは見かけの反応温度低下と いうマイクロ波効果となって観測されます。

3.4.3　反応促進の例：固固反応

　高温の固体と固体の反応，すなわち固固反応では，マイクロ波の反応促進，あるいは反応温度低下が顕著に見られます（図 3.15）。その原因は，粉体充填層における粒子接触点の非平衡局所加熱現象です。例えば，活性炭と酸化銅の混合粉体をマイクロ波照射下で加熱すると，通常加熱に比べて 270 ℃低温で活性炭による酸化銅還元反応が起こります。酸化銅よりも還元に高温を必要とする酸化鉄では，さらに大きな還元反応温度低下が起こります。これらの金属酸化物を活性炭で還元する反応系では，金属酸化物粒子と活性炭粒子の接触点が反応場となっています。

　マイクロ波照射系では，この接触点に振動電場が集中し，熱としてエネルギー損失することによる非平衡局所加熱が起こります。これが大きな温度低下の原因と私は考えています。

　このマイクロ波による反応温度低下効果は，金属精錬プロセス，セラミックス焼結などの高温プロセスの温度低下に有効です。固固反応の系でも，マイクロ波は化学反応場に選択的かつ直接，化学反応エネルギーを注入していることが分かります。

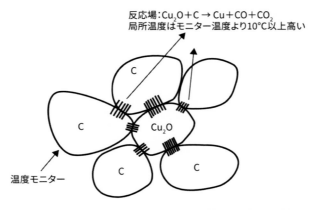

図 3.15　固固反応に対して観測されるマイクロ波特殊効果：粒子接触点の局所加熱現象

3.4.4 マイクロ波熱的特殊効果と非熱的特殊効果

　前項までに記述してきたものは，マイクロ波特有の局所加熱現象が化学反応の温度低下や反応速度加速に有効に働くということで，「マイクロ波熱的特殊効果」と呼ぶことができます。

　一方，加熱現象とはまったく独立に，マイクロ波照射系で観察される化学反応への効果があります。こちらは「マイクロ波非熱的特殊効果」と呼ぶことにしましょう。例えば，マイクロ波照射下では固体表面における電子移動速度が加速されることを示す興味深い実験結果があります。その機構は未解明ですが，マイクロ波の振動電場が移動する電子雲と相互作用する機構が提案されています。この固体表面における電子移動促進は，CdS光触媒系による有機化合物の光還元，ヘマタイト電極による水分子酸化による酸素発生反応，そしてニッケル金属表面における有機化合物還元反応などに見られます。これらは，マイクロ波加熱現象とは独立に調べてゆくべき研究対象として，今後重要になってゆくでしょう。

　同様に加熱現象とは独立のマイクロ波特殊効果として，山田らは有機化学反応において温度効果を排除できる反応系を考案しました。それはケモ選択性を調べる反応で，反応基質の温度が上がっている場合には選択性が落ちることが分かっている反応系を用いてマイクロ波照射系における反応を行い，温度効果ではない「マイクロ波非熱的マイクロ波効果」による反応速度加速を実験的に検証していると言えます。こちらも今後のマイクロ波化学研究の方向性を示す重要な研究成果です。

参考文献

[1] マイクロ波応用技術研究会編：『初歩から学ぶマイクロ波応用技術』，pp.11-47，工業調査会 (2004).

[2] N. Haneishi, S. Tsubaki, M. M. Maitani, E. Suzuki, S. Fujii, and Y. Wada: Electromagnetic and Heat-Transfer Simulation of the Catalytic Dehydrogenation of Ethylbenzene under Microwave Irradiation, *Ind. Eng. Chem. Res.*, Vol.56, 7685-7692 (2017).

[3] N. Haneishi1, S. Tsubaki1, E. Abe1, M. M. Maitani, E. Suzuki1, S. Fujii, J. Fukushima, H. Takizawa, Y. Wada: Enhancement of Fixed-bed Flow Reactions under Microwave Irradiation by Local Heating at the Vicinal Contact Points of Catalyst Particles, *Scientific Reports*, Vol.9, 9:222 (2019).

[4]　T. Ano, S. Tsubaki, A. Liu, M. Matsuhisa, S. Fujii, K. Motokura, W.-J. Chun, Y. Wada: Probing the temperature of supported platinum nanoparticles under microwave irradiation by in situ and operando XAFS, *Communication Chem.*, Vol.3, No.86 (2020).

[5]　R. Gedye, F. Smith, K. Westway, H. Ali, L. Baldisera, L. Laberge, J. Rousell: The use of microwave ovens for rapid organic synthesis, *Tetrahedron Letters*, Vol.27, No.3, pp.279-282, (1986).

[6]　R. J. Giguere, T. L. Bray, S. M. Duncan: Application of commercial microwave ovens to organic synthesis, *Tetrahedron Letters*, Vol.27, No.41, pp.4945-4948 (1986).

[7]　A. de la Hoz, A. Loupy: Microwaves in Organic Synthesis, John Wiley & Sons (2013).

[8]　C. O. Kappe, B. Pieber, D. Dallinger: Microwave Effects in Organic Synthesis：Myth or Reality?, *Angew. Chem., Int. Ed.*, Vol.52, pp.1088-1094 (2013).

[9]　K. Nushiro, S. Kikuchi, T. Yamada:　Microwave effect on catalytic enantioselective Claisen Rearrangement, *Chem. Comm.*, Vol.49, p.8371 (2013).

第 4 章

マイクロ波工学

4.1　電波と波

4.1.1　マイクロ波工学のあゆみ

　電磁波はイギリスの理論物理学者のマックスウェルにより予言され，その後ヘルツにより実験的に実証されました。さらにマルコーニによって，無線通信に使用できる電磁波は情報通信に欠かせないものとして急速な発展を遂げ，IT 産業を支える技術として進展しています。さらに，情報通信に加え，エネルギー分野にも電磁波が利用されています。また，同時に今日では PC の性能も飛躍的に向上し，誰もが簡単にマルチフィジックスシミュレータを用いてさまざまな現象をシミュレーションできる環境になっています。現在商用販売されているソフトウェアは，時間領域差分法 (FTDT) を用いた QWED 社の QuickWave[1] や，有限要素法を用いた COMSOL 社の COMSOL Multiphysics[2] や Ansys 社の Ansys HFSS[3] などが知られています。

　マイクロ波は電磁波であり，その周波数がマイクロ波帯 (300 MHz〜30 GHz) であるものを言います。これらの周波数の電磁波は，第二次世界大戦中，敵の船や飛行機を探知するレーダの開発のために研究されてきました。今日では生活に欠かせないスマートフォンの通信にマイクロ波領域の周波数が使われており，高周波回路に加え，その関連する部品も含めてマイクロ波工学と言われる学問領域で研究が進められています。第 5 章のシミュレーションはマイクロ波工学をベースに構築されています。

　また，本書ではその高周波回路の基礎として，電磁波の性質，同軸や導波管などの伝送線路，高周波でよく使われるインピーダンスや反射係数，S パラメータなど高周波の特性を表すパラメータの内容について触れます。さらに，実際のマイクロ波化学にてよく使われる共振器について，COMSOL Multiphysics（シミュレーションソフトウェア）を用いて説明を行いたいと思います。

4.1.2　電波の特徴

　電波の一般的な特徴は図 4.1 に示したとおりで，低い周波数の電波は障

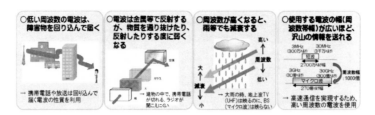

図 4.1　電波の特徴 [7]

害物を回り込んで届きます [4, 5, 6, 7]。また，金属に反射したり物質を通り抜けたりするたびに電波の強度は弱くなります。

　電磁波はその発見直後から，情報通信だけでなく材料プロセス技術としても利用されています。一部の周波数は ISM (Industrial, Scientific and Medical) 帯として金属・化学などの材料産業や半導体産業にて利用・活用されています。利用可能な電磁波の周波数は図 4.2 のとおりで，産業，科学研究，医療に使われています [4, 6, 7]。

　電磁波は使用される分野によって呼び方が異なり，例えば通信分野では電波と呼びます。また，周波数によって名前が付けられており，1〜30 GHz（波長 30 cm〜1 cm）の周波数範囲に入る電磁波をマイクロ波，周波数 30〜300 GHz の電磁波をミリ波と呼んでいます。携帯電話の 4 G で使われる電波は 800 MHz〜3.5 GHz です。5 G は使用する電波帯域がいくつか提案されていて，例えば 3.7〜4.6 GHz と 27〜29.5 G Hz がありますが，これらはマイクロ波であるもののミリ波と呼ばれています。ちなみ

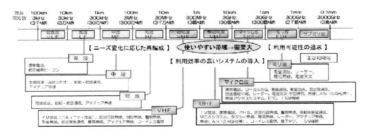

図 4.2　周波数とその帯域 [7]

に，社会インフラとしての公共の利益を守るため，誰もが自由に電波を発することは許されておらず，電波の使用は免許制となっています。

　マイクロ波帯の具体的な産業用途は，食品加工や半導体プロセスにおけるプラズマプロセス用電源などがよく知られ，医療用としてはハイパーサーミア（温熱療法）やマイクロ波メスなどに用いられています。マイクロ波化学でよく使用される周波数は，今のところ 915 MHz 帯（1 GHz に近い），2.45 もしくは 5.8 GHz 帯の 3 つの帯域が使われます。本書では 2.45 GHz を例として挙げています。

　なお，数 kHz 以下の低い周波数は，電磁波障害が生じないという理由で ISM には含まれていません。ISM 帯より低い周波数は誘導加熱として利用されています。

4.1.3　波

　一般に，ある物理量が伝播していく様子を波と表現しています。加えて，物理量の振動方向と波の伝播方向の関係から，波を縦波，横波と区別して呼んでいます。例えば音波は，図 4.3 に示すとおり，伝播方向と同じ方向に沿って空気の疎密ができている縦波です。また地震は，図 4.4 のとおり最初に伝わる波が P 波と呼ばれ，これは縦波です。P 波は伝播速度

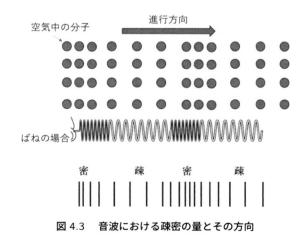

図 4.3　音波における疎密の量とその方向

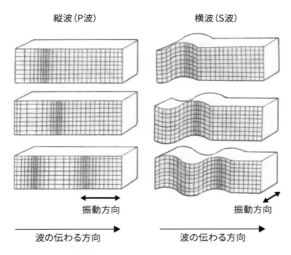

図 4.4　固体を伝わる波（P 波，S 波）（[8] をもとに作成）

が早いことから震源地から災害地点まですぐに伝わり，その次に，上下に
大きく振動する，伝播方向に対して垂直に振動する S 波が横波として被災
地に到達します。もう一つ観測できる波は海の波が知られています。これ
は縦波と横波が合成された状態で，表面波と呼ばれます。表面波は固体表
面でも励振させることができ，最新の通信技術を支えるものです。

　次に電波について述べます。ここまで述べてきた波の物理量は粒子（分
子や原子）の変位です。電波も同様に波ですので、自由空間に存在する電
波は図 4.5 に示す形になります。変化する物理量は電場と磁場の 2 つであ
り，自由空間では横波です。導体を用いた電気回路の振動と言えば，電圧
と電流の振動です。空間は導体とは異なりますが，導体と同じくエネル
ギーを伝えることができます。また，電波は空間を伝わる波なので，電圧
や電流を用いるのではなく，より本質的な物理量である電場と磁場を用い
ます。電場は電圧の空間微分，磁場は電流の空間微分として記述します。

　私たちは，電気回路における物理量は電圧と電流と学習しました。しか
し，電圧と電流を本質的な物理量と考えてしまうと不都合が生じる場面が
出てきます。例えば，電圧と電流では電磁波である光がエネルギーを伝え

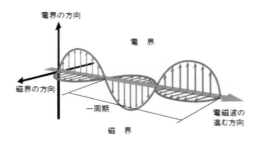

図 4.5　自由空間に存在する電波

ることが表現できません。これにより、物理としてより本質的な物理量は電場であり、磁場であることが分かります。

　また、回路動作を考える場合、マックスウェル方程式を使って電気回路を考えるより、4.4 節以降で述べているような伝送線路として考えることで線形代数や行列等の高度な数学を持ち込むことが可能となり、大きなメリットがあります。また、マイクロ波化学における反応場を考えるには、マックスウェル方程式による電磁場そのものを考えることで理解が進みます。

　電気回路の扱いをするのか、電磁波そのものを考えるのか、場合によって使い分けることで複雑な現象を理解することが可能となります。

4.2　マックスウェル方程式と電磁気学

4.2.1　マックスウェル方程式

　図 4.5 に示した電波は自由空間において横波であり、変化する物理量は電場と磁場の 2 つです。電場は電圧の空間微分、磁場は電流の空間微分です。電磁場における物理の支配方程式はマックスウェル方程式であり、以下のように記述できます。

$$\nabla \cdot \overline{E} = \frac{\rho}{\varepsilon} \tag{4.1}$$

$$\nabla \times \overline{E} = -\frac{\partial \overline{B}}{\partial t} \tag{4.2}$$

$$\nabla \cdot \overline{\boldsymbol{B}} = 0 \tag{4.3}$$

$$c^2 \nabla \times \overline{\boldsymbol{B}} = \frac{\overline{\boldsymbol{J}}}{\varepsilon} + \frac{\partial \overline{\boldsymbol{E}}}{\partial t} \tag{4.4}$$

$$\overline{\boldsymbol{B}} = \mu \overline{\boldsymbol{H}} \tag{4.5}$$

ここで，$\overline{\boldsymbol{E}}$ は電場，$\overline{\boldsymbol{H}}$ は磁場，$\overline{\boldsymbol{B}}$ は磁束密度，$\overline{\boldsymbol{J}}$ は電流，μ は透磁率，ε は誘電率です。

　式 (4.5) は物質中の磁場を表すものなので，式 (4.1) から式 (4.4) のたった 4 つの式を用いて，電磁界の物理現象を漏れなく扱うことが可能となっています。このマックスウェル方程式が扱う物理量は電場 $\overline{\boldsymbol{E}}$ と磁場 $\overline{\boldsymbol{H}}$ であり，それぞれベクトルで表されます。時間 t と 3 次元空間（直交座標系の x, y, z）は独立変数，μ と ε はテンソルとなっています。式 (4.1)〜式 (4.5) は一般化され，非常に洗練された式となっています。それゆえ，初学者が戸惑ってしまうことになります。これらの方程式を理解するために，パラメータを可能なかぎり減らし，理解していくことが必要になります。

　マックスウェル時代と異なり現在では電波の存在は証明されています。また，すでに空中にさまざまな電波が飛び交っていることから，その状態を定常状態として扱います。この定常的な状態をマックスウェルの方程式から導き出します。通常，微分方程式の解を求める場合，初期条件や境界条件を決めることにより解が求められます。このように物理の支配方程式と初期・境界条件を決めることはモデル化と言われ，数学的に記述できます。またその解は，特定の境界条件から数式として求めることができます。それ以外の境界条件は数値計算，つまり，シミュレーションを使って解を得ることができます。シミュレーションを有効に活用するためにもいくつかのモデルについて解析的な解を求め，次の章でシミュレーションを使うことにします。

　本節では，図 4.5 の電磁波（マイクロ波）の形，直線偏向平面波を導き出すことを目標にします。そこで，以下のように考えます。ベクトルの基本的な公式，∇（または grad）や $\nabla \times$（または rot）やフーリエ変換における周波数空間の考え方を用いてマックスウェル方程式から波動方程式を

導出し，定常解の一つとして直線偏向平面波を算出します。その際他の物理と同じように，電波が減衰しない簡単な場合（4.2.2 項）から考え、次に減衰する場合（4.2.3 項）の順に考えます。なお，ベクトルの内積・外積，ナブラ，ローテーション，ベクトルポテンシャル，フーリエ変換については付録 A.1〜A.6 を参考にしてください。

4.2.2　波動方程式からの定常解の導出

　本節の目標は，スイッチがオンになってから安定になるまでの状態を記述するのではなく，図 4.5 のような安定な状態，つまり，定常的な状態の電波の形を数式として導き出すことです。実際，スマートフォンのスイッチを入れた瞬間にスマートフォンは電波を受信・送信し始めており，通話する際には電波が送受信できる状態となっています。このことから，電波は時間遷移ではなく，定常的にある状態であることが分かります。

　我々が制御できる境界条件として設定できるのは空間だけです。時間領域での制御は電源を入れたときをスタート，止めたときをストップとして式を導出することは可能であるものの，電波のオン・オフの時間で考える過渡解析が必要とされることは少ないです。過渡解析は 5.5.1 項「電磁波と伝熱」にて簡単に説明しております。時間については振動していることを前提に，時間微分は解かず，定常状態 $\exp(j\omega t)$ とします。虚数の表記は電気回路でよく使われる電流の記号 i と混同を避けるため，電気回路やマイクロ波工学では j とします。このような表現の仕方はフェーザ表現と呼ばれています。これで独立変数のうちの一つである時間 t を減らすことができました。

　空気や液体は等方性材料であることから，透磁率と誘電率はスカラー量として取り扱えます。つまり，電波が誘電体の異方性をもつ物質，例えば，与えられている電場方向とその材料の異方性により集まる電荷量の方位と一致しないことがあります。このような電場方向によって電束 D 方向が異なる材料は，光学や磁性材料ではよく扱われます。

　まず，本節で考える電磁波はマイクロ波帯の領域なので空気中の波長は数 cm〜数十 cm と長く，伝播しているところは空気や真空中のような等方性材料とします。また，図 4.5 は空気や真空中を伝播する電波であり，

電磁波以外はないものとします。加えて，ある瞬間を切り取った形であり，電波は進行方向と直角にその物理量である電場と磁場が振動しています。先に述べたように，物理量が進行方向に対して垂直に振動しているので横波と呼ばれます。

音波の物理量は空気中の気体分子移動量であり，進行方向と並行に振動しています。そのため，空間の次数を 1 次元と簡単にできます。一方，電磁波は音波と異なり空間の独立変数 x, y, z を簡略化することはできません。しかし，電場の振動方向を x 軸，磁場の振動方向を y 軸，電波の進行方向を z 軸とすることで右手直交座標を電波に合わせることができます。

そこで，電場 $\overline{E}$ と磁場 $\overline{H}$ はそれぞれ $\overline{E} \cdot \exp{(j\omega t)}$ と $\overline{H} \cdot \exp{(j\omega t)}$ とし，空間には電波が存在するとします。また，空間には電流や電荷がないと仮定したので，$J = 0$，$\rho = 0$ となります。したがって，マックスウェルの方程式を整理すると，

$$\nabla \cdot \overline{D} = \nabla \cdot \varepsilon \overline{E} = 0 \tag{4.6}$$

$$\nabla \cdot \overline{B} = \nabla \cdot \mu \overline{H} = 0 \tag{4.7}$$

$$\nabla \times \overline{E} = -\frac{\partial \overline{B}}{\partial t} = -j\omega\mu\overline{H} \tag{4.8}$$

$$\nabla \times \overline{H} = \frac{\partial \overline{D}}{\partial t} + \overline{J} = j\omega\varepsilon\overline{E} \tag{4.9}$$

となります。さらに，式 (4.8) の両辺に，再度 $\nabla\times$ を掛けます。

$$\nabla \times \nabla \times \overline{E} = -j\omega\mu\nabla \times \overline{H} \tag{4.10}$$

この式に式 (4.9) とベクトル解析の公式である

$$\nabla \times \nabla \times \overline{A} = \nabla \left(\nabla \cdot \overline{A} \right) - \nabla^2 \overline{A} \tag{4.11}$$

を使います。$\nabla \cdot \varepsilon \overline{E} = 0$ なので，式 (4.10) は

$$\nabla^2 \overline{E} + \omega^2 \mu \varepsilon \overline{E} = 0 \tag{4.12}$$

と式変形できます。また同様に，

$$\nabla^2 \overline{H} + \omega^2 \mu \varepsilon \overline{H} = 0 \tag{4.13}$$

89

とできます。マイナスの角速度（周波数）は実在しないことから，波数 k を

$$k = \omega \sqrt{\mu \varepsilon} \tag{4.14}$$

とします。また，μ や ε は損失がないとしたので実数とします。

　次に，$\overline{\boldsymbol{E}}$ と $\overline{\boldsymbol{H}}$ はベクトルなのでさらに簡単にします。電波の形に合わせるよう座標軸を決めたので，電場が振動しているのは x 軸，伝播の方向は z 軸です。そのため，

$$\frac{\partial}{\partial x} = \frac{\partial}{\partial y} = 0 \tag{4.15}$$

となり，

$$\frac{\partial^2 \boldsymbol{E}_x}{\partial z^2} + k^2 \boldsymbol{E}_x = 0 \tag{4.16}$$

となります。k は実数なので，この 2 次微分方程式の一般解はよく知られているように，

$$\boldsymbol{E}_x\left(z\right) = \overline{\boldsymbol{E}}^+ e^{-jkz} + \overline{\boldsymbol{E}}^- e^{+jkz} \tag{4.17}$$

となります。

　ここで時間の項も入れて，オイラーの定理を用いて式変形します。また，実在する電波は実部のみなので，

$$\begin{aligned}
\mathrm{Re}\left(\overline{E}\right) &= \mathrm{Re}\left(\boldsymbol{E}_x\left(z\right) \cdot e^{j\omega t}\right) \\
&= \mathrm{Re}\left(\boldsymbol{E}^+ e^{-jkz+j\omega t} + \overline{\boldsymbol{E}}^- e^{+jkz+j\omega t}\right) \\
&= \overline{\boldsymbol{E}}^+ \cos\left(\omega t - kz\right) + \overline{\boldsymbol{E}}^- \cos\left(\omega t - kz\right)
\end{aligned} \tag{4.18}$$

と求めることができます。前項の係数をわざわざ $\overline{E}^+$ としたのは，こちらが進行方向の波であり，後項は逆方向の波（通常は反射波）であるためです。以上より，電場の波の形を導出できました。

　ここで，進行方向の cos の中身である位相について考えます。波の位相は

$$\omega t - kz = \theta \tag{4.19}$$

と表せます．この式 (4.19) を変形すると，

$$z = \frac{\omega t - \theta}{k} \tag{4.20}$$

となります．これにより時間と場所の関係を示すことができます．

さらに，式 (4.20) を時間で微分することにより位相速度 (V_P) が定義できます．

$$V_P = \frac{dz}{dt} = \frac{d}{dt}\left(\frac{\omega t - \theta}{k}\right) = \frac{\omega}{k} = \frac{1}{\sqrt{\mu\varepsilon}} \tag{4.21}$$

これは図 4.6 に示すとおり，波の特定の箇所が z 軸方向に進むもの，つまり，海岸で海を観察したときに波が進んで見えるのと同様に，位相が進んでいると考えることができます．

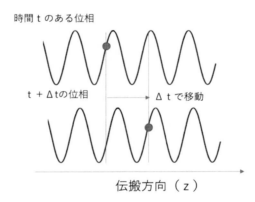

時間 t のある位相

t ＋ Δt の位相　　Δ t で移動

伝搬方向（ z ）

図 4.6　移相の移動

電波が真空中や空気中を伝わるとすると，式 (4.21) に誘電率・透磁率の絶対値を代入し，

$$Vp = \frac{1}{\sqrt{\mu_0\varepsilon_0}} = 2.998 \times 10^8 \frac{\text{m}}{\text{s}} \tag{4.22}$$

となり，よく知られている光速度が求められます．光速度は光（電波）の位相速度を表します．地球 1 周は約 4 万 km なので，1 秒間に地球 7 周半の速度と覚えておくと便利です．

同様に，磁場について求めます．これは微分方程式から求めるのではな

く，式 (4.17) を式 (4.8) に代入して求めます。その結果，

$$\nabla \times \overline{E} = \left(\frac{\partial E_z}{\partial y} - \frac{\partial E_y}{\partial z} \right) \cdot i + \left(\frac{\partial E_x}{\partial z} - \frac{\partial E_z}{\partial x} \right) \cdot j + \left(\frac{\partial E_y}{\partial x} - \frac{\partial E_x}{\partial y} \right) \cdot k \tag{4.23}$$

となります。ここで，

$$\overline{E} = (E_x, 0, 0) \tag{4.24}$$

としたので，結局，式 (4.23) は H_y 成分しかないということになり，

$$H_y(z) = \frac{j}{\omega \mu} \frac{\partial E_x}{\partial z} = \frac{1}{\eta} \left[-\overline{E}^+ e^{-jkz} + \overline{E}^- e^{+jkz} \right] \tag{4.25}$$

$$\eta = \frac{\omega \mu}{k} = \sqrt{\frac{\mu}{\varepsilon}} \tag{4.26}$$

となります。特に，電磁波が伝播している空間を真空中や空気中とすると，空気の誘電率と透磁率は 1 なので誘電係数 ε_0 と透磁係数 μ_0 となり，

$$\eta_0 = \sqrt{\frac{\mu_0}{\varepsilon_0}} = 377 \, \Omega \tag{4.27}$$

となります。

　ちなみに，電流と電圧をベクトル場で表現したものを電場と磁場と考えると，η_0 はインピーダンス（抵抗）と考えることができ，これは空気中の特性インピーダンスと呼ばれます。つまり，特性インピーダンスとは，媒体中を電波が通過する際の電場と磁場の比率のことです。この特性インピーダンスは伝播中の誘電係数や透磁係数で決まることはもちろん，第 5 章で説明する伝播モードによっても決まります。特性インピーダンスについて，もう少し詳しい説明を付録 A.7 に記しましたのでご参照ください。

　以上の導出から無損失の中の電磁波の式を決めることができました。ここまでの説明で，式 (4.18) 中の $\exp(-jkz)$ を進行方向に進んでいる電磁波としました。これについて次項にて明確にします。

4.2.3　媒体通過時に電磁波が損失する場合

　マイクロ波化学で想定される誘電損失のある材料，つまり，マイクロ波

が損失を受ける数式表現を考えます。ここでは損失のメカニズムよりもその大きさや位相を定量化することを考えます。言い換えると，マイクロ波が損失を受けるということは，その電磁波の大きさが小さくなり何らかの位相の変化を受けるということなので，これらを数式で表すことを考えます。

損失の原因は分からなくても，電磁波の大きさや位相の変化を測定することで損失の原因を定量化できます。なお，式をできるだけ簡単にするため，材料は空気や水などの等方材料とします。導電性や誘電率はスカラー量とし，ジュール損失はオームの法則を使って，

$$\overline{J} = \sigma \overline{E} \tag{4.28}$$

とします。

次に，誘電体に電場 $\overline{E}$ が印加されると物質を構成している原子もしくは分子に分極が生じ，電気双極子モーメント $(\overline{P_e})$ が発生し，電束 $\overline{D}$ が増大します。この場合，

$$\overline{D} = \varepsilon_0 \varepsilon_r \overline{E} + \overline{P_e} \tag{4.29}$$

となります。電場 $\overline{E}$ 強度に比例して歪まない線形な誘電体媒質とすると，電気分極は印加電場に対して次のように表すことができます。

$$\overline{P_e} = \varepsilon_0 \chi_e \overline{E} \tag{4.30}$$

ここで，χ_e は複素数であり，電気感受率と呼ばれます。式 (4.29) に式 (4.30) を代入すると，

$$\overline{D} = \varepsilon_0 \varepsilon_r \overline{E} + \overline{P_e} = \varepsilon_0 \left(\varepsilon_r + \chi_e \right) \overline{E} = \varepsilon \overline{E} \tag{4.31}$$

であり，

$$\varepsilon = \varepsilon' - j\varepsilon'' = \varepsilon_0 \left(\varepsilon_r + \chi_e \right) \tag{4.32}$$

と誘電率を複素誘電率で表せます。複素誘電率の虚部は振動する双極子モーメントの減衰による媒質内の熱損失となり，負にならなければならないことが分かります。ここで，式 (4.4) を変形すると

$$\nabla \times \overline{H} = j\omega\varepsilon\overline{E} + \overline{J} = (\sigma + \omega\varepsilon'' + j\omega\varepsilon')\,\overline{E} = j\omega\left(\varepsilon' - j\varepsilon'' - \frac{\sigma}{\omega}\right)\overline{E} \tag{4.33}$$

となります。ここで $\omega\varepsilon''$ は誘電体の減衰率であり，導体損失と区別がつかないことが分かます。そのため，$\omega\varepsilon'' + \sigma$ を全有効伝導率と見なすことができます。また，これに関連する量として誘電正接を次のように定義できます。

$$\tan\delta = \frac{\omega\varepsilon'' + \sigma}{\omega\varepsilon'} \tag{4.34}$$

式 (4.34) より，誘電正接は全変位電流の虚部と実部であることが分かります。全変位電流とは，分極の双極子モーメントによる電荷の変化と導電性があるときの電流の和であると言えます。なお，導電性をゼロとした場合、式 (4.32) と式 (4.34) を変形して，

$$\varepsilon = \varepsilon' - j\varepsilon'' = \varepsilon'\,(1 - j\tan\delta) \tag{4.35}$$

が使われます。

磁場にも同じ類推を適用します。磁場 $\overline{H}$ が印加されると物質を構成している原子もしくは分子に分極が生じ，磁気双極子モーメント $(\overline{P}_m)$ が発生し，磁束 $\overline{B}$ が増大します。このときの磁束 $\overline{B}$ は次のように表せます。

$$\overline{B} = \mu_0\mu_r\overline{H} + \overline{P}_m \tag{4.36}$$

磁気分極が磁場 $\overline{H}$ 強度に比例して歪まない線形な磁性体媒質とすると，磁気双極子モーメントは印加磁場に対して次のように表せます。

$$\overline{P}_m = \mu_0\chi_m\overline{H} \tag{4.37}$$

ここで，χ_m は複素数であってもよく，磁気感受率と呼ばれます。

$$\overline{B} = \mu_0\,(\mu_r + \chi_m)\,\overline{H} = \mu\overline{H} \tag{4.38}$$

ここで複素透磁率を

$$\mu = \mu' - j\mu'' = \mu_0\,(\mu_r + \chi_m) \tag{4.39}$$

とします。つまり，複素透磁率や磁気感受率は磁場変化による損失と言えます。電場と違うのは電流に相当する磁流がない点です。

以上の議論で，損失のある媒体を通過する際には，それぞれの損失に合わせて導電率・誘電損・磁性損としてマックスウェル方程式に組み込めることが分かりました。そこで，損失のある電磁波一般解について求めます。式 (4.8) の両辺に $\nabla \times$ を掛け，式 (4.9) を代入すると

$$\nabla \times \nabla \times \overline{\boldsymbol{E}} = -j\omega\mu\nabla \times \overline{\boldsymbol{H}} = \left(-j\omega\mu\sigma + \omega^2\varepsilon\mu\right)\overline{\boldsymbol{E}} \tag{4.40}$$

$$\nabla^2\overline{\boldsymbol{E}} + \omega^2\varepsilon\mu\left(1 - j\frac{\sigma}{\omega\varepsilon}\right)\overline{\boldsymbol{E}} = 0 \tag{4.41}$$

となります。ここで誘電率と磁性率を複素数とすれば，式 (4.41) がより一般化された電磁波の方程式であることが分かります。そこで，複素数 γ を用いて式 (4.41) の 2 項目を簡略化すると，

$$\nabla^2\overline{\boldsymbol{E}} - \gamma^2\overline{\boldsymbol{E}} = 0 \tag{4.42}$$

となります。ここで，γ は複素数であるので、α と β を用いると、

$$\gamma = j\omega\sqrt{\mu\varepsilon}\sqrt{1 - j\frac{\sigma}{\omega\varepsilon}} = \alpha + j\beta \tag{4.43}$$

になります。

前述したように x 軸のみ振動すると仮定すると，微分方程式 (4.42) は

$$\frac{\partial^2 \boldsymbol{E}_x}{\partial z^2} - \gamma^2 \boldsymbol{E}_x = 0 \tag{4.44}$$

となり，一般解は，

$$\boldsymbol{E}_x\left(z\right) = \boldsymbol{E}^+ e^{-\gamma z} + \boldsymbol{E}^- e^{+\gamma z} \tag{4.45}$$

となります。ここで，$\gamma = \alpha + j\beta$ として時間の項を加えることで，式 (4.45) は

$$\boldsymbol{E}_x\left(z\right) = \boldsymbol{E}^+ e^{-\alpha z} e^{j(\omega t - \beta z)} + \boldsymbol{E}^- e^{+\alpha z} e^{j(\omega t + \beta z)} \tag{4.46}$$

となります。右辺 1 項目の実部は $e^{-\alpha z}\cos\left(\omega t - \beta z\right)$ であり，ある瞬間の Z 方向と電場の大きさは図 4.7 と示せます。

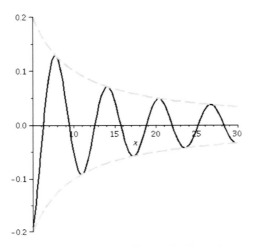

図 4.7　伝播方向に対して電場が減衰する様子

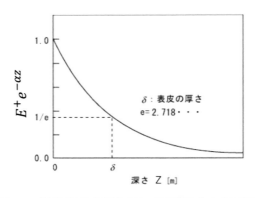

図 4.8　導体表面から深さ方向への電場の大きさの変化

　図 4.8 に示すとおり，Z が大きくなる方向，つまり，伝播する方向に従い，$e^{-\alpha z}$ で電場の大きさが減衰していることが分かります。なお，α はダンピングファクタと呼ばれます。現状，想定している空間では電磁波が伝播中に増幅することがないとしていますので，式 (4.46) の第 1 項目は進行波であることが理解できます。

　ここで，式 (4.43) の $\alpha = 0$ とすると，$\beta = k$ すなわち式 (4.14) の k と

同じ解になりました。これにより，電磁波が伝播中に損失を受け減衰する一般解について表現できたことになります。

　また，式 (4.46) の第 2 項目は電磁波の信号源に戻る反射波であることが理解できます。同様な手順で磁場についても求めておきます。

$$H_y(z) = \frac{j}{\omega\mu}\frac{\partial E_x}{\partial z} = \frac{-j\gamma}{\omega\mu}\left[E^+e^{-j\gamma z} - E^-e^{+j\gamma z}\right] \tag{4.47}$$

ここで，無損失（4.2.2 項）でも扱った電場と磁場の比率である特性インピーダンスは式 (4.47) のその係数から

$$\eta = \frac{j\omega\mu}{\gamma} \tag{4.48}$$

となり，式 (4.47) を書き直して，

$$H_y(z) = \frac{1}{\eta}\left[E^+e^{-j\gamma z} - E^-e^{+j\gamma z}\right] \tag{4.49}$$

となります。特性インピーダンス η は一般には複素数であり，電磁波が通過する媒質を一般化することができたことになります。

4.3　電磁波の特徴

4.3.1　表皮効果

　一般的なマイクロ波工学では，導電率が大きい導体に起因するマイクロ波の損失や減衰が含まれています。本項では電磁波が誘電体ではなく導体を伝播する場合，つまり，伝導電流が変位電流よりはるかに大きい場合について考えます。変位電流とは，高周波の電圧がコンデンサの電極に与えられた場合，コンデンサ内の誘電体の分子や原子の自由電子の移動による電流ではないもの，分布が変わることで流れる電流のことを言います。なお，伝導電流とわざわざ記載したのは，変位電流と違い，こちらは電子やイオンの流れという意味で使用しているためです。

　伝導電流が変位電流よりはるかに大きい場合，式 (4.33) や式 (4.34) において $\sigma \gg \omega\varepsilon$ と表すことができ，ほとんどの金属はこのケースに相当

します。そこで，この場合の伝播定数 γ は次のように表せます。

$$\gamma = \alpha + j\beta = j\omega\sqrt{\mu\varepsilon}\sqrt{1 - j\frac{\sigma}{\omega\varepsilon}} \cong j\omega\sqrt{\mu\varepsilon}\sqrt{\frac{-j\sigma}{\omega\varepsilon}} = \sqrt{\omega\mu\sigma j} \quad (4.50)$$

ここで，

$$\sqrt{j} = \pm\left(\frac{1}{\sqrt{2}} + j\cdot\frac{1}{\sqrt{2}}\right) \quad (4.51)$$

であり，損失であることから実部は正なので，式 (4.51) を式 (4.50) に代入して

$$\gamma = (1 + j)\sqrt{\frac{\omega\mu\sigma}{2}} \quad (4.52)$$

のように伝播定数を近似することができます。また，式 (4.46) における進行波の電場の減衰量が

$$e^{-\alpha z} = \frac{1}{e} \quad (4.53)$$

つまり，約 36.8 ％となるときの Z を表皮深さ（スキンデプス，Skin depth）と表現し，その深さ δ_{s} を，

$$\delta_{\mathrm{s}} = \frac{1}{\alpha} = \sqrt{\frac{2}{\omega\mu\sigma}} \quad (4.54)$$

と定義します。式 (4.45) から，ω，すなわち周波数が大きくなったり σ が小さくなったりすると，表皮深さは浅くなることが分かります。これを表皮効果と言います。そのため周波数が高いマイクロ波帯の場合，実用的なマイクロ波部品は，酸化による表面抵抗の増大を避けるため金属表面に導電率の大きい金がメッキされていることが多いことが知られています。

　ここで再度，誘電損失がある場合について整理します。式 (4.12) の ε を $\varepsilon = \varepsilon' - j\varepsilon''$ とすることで，

$$\nabla^2\overline{E} + \omega^2\mu\left(\varepsilon' - j\varepsilon''\right)\overline{E} = \nabla^2\overline{E} + \omega^2\mu\varepsilon'\left(1 - j\frac{\varepsilon''}{\varepsilon'}\right)\overline{E} = 0 \quad (4.55)$$

と変形できます。次に式 (4.55) の 2 項目の係数を考えます。誘電係数を

$$\varepsilon = \varepsilon_0\left(\varepsilon' - j\varepsilon''\right) \quad (4.56)$$

として複素誘電率と定義することで，

$$\omega^2 \mu \varepsilon_0 \left(\varepsilon' - j \frac{\sigma}{\varepsilon_0 \omega} \right) = \omega^2 \mu \varepsilon_0 \left(\varepsilon' - j \varepsilon'' \right) \tag{4.57}$$

となり，誘電正接である

$$tan\delta = \frac{\varepsilon''}{\varepsilon'} \tag{4.58}$$

も指標として定義できることが分かります。また，磁性損の場合も同様に，透磁率 μ を

$$\mu = \mu' - j\mu'' \tag{4.59}$$

とすることで，

$$\nabla^2 \overline{H} + \omega^2 \varepsilon \left(\mu' - j\mu'' \right) \overline{H} = \nabla^2 \overline{H} + \omega^2 \varepsilon \mu' \left(1 - j \frac{\mu''}{\mu'} \right) \overline{H} = 0 \tag{4.60}$$

となります。

　なお，ここで示したことは，誘電損失や磁性損失が生じた場合に電磁波としてどのように記述するのかを示しただけであり，損失の本質に迫るものではありません。

4.3.2　ポインティングベクトルとそのパワー（電力）

　電磁波は電場と磁場で構成されているので，エネルギーとして電気エネルギーと磁気エネルギーを蓄積していることになります。電磁波が伝播している場合，この蓄積したエネルギーは電力として伝送され，一部は損失として消費されます。直感的には分かりにくいことなのですが，電場や磁場はそれ自体がエネルギーとなります。1 V の電位差があるところに無限遠から電子1個を運ぶと，1 eV のエネルギーになります。

　このように電場が存在するとポテンシャルもあり，そのポテンシャルエネルギーは単位体積あたりの電場エネルギーとして計算できることが電磁気学から知られています。磁場を $\overline{H}$，電場を $\overline{E}$ として式で表すと式 (4.61) のようになります。

$$u_e dV = \frac{1}{2} \varepsilon_0 \overline{E}^2 = \frac{1}{2} \overline{E} \cdot \overline{D} \tag{4.61}$$

同様に，単位体積あたりの磁場エネルギーは，

$$u_h dV = \frac{1}{2}\mu_0 \overline{\boldsymbol{H}}^2 = \frac{1}{2}\overline{\boldsymbol{H}} \cdot \overline{\boldsymbol{B}} \tag{4.62}$$

となります。

電場と磁場のエネルギーは分かりましたので，電波，つまり電磁波のエネルギーとして求めるため，次にマックスウェルの方程式（式 (4.2)）の両辺に磁場 $\overline{\boldsymbol{H}}$ の内積，式 (4.4) に対して電場 $\overline{\boldsymbol{E}}$ の内積をとります。

$$\overline{\boldsymbol{E}} \cdot \left(\nabla \times \overline{\boldsymbol{H}}\right) = \overline{\boldsymbol{E}} \cdot \bar{j} + \overline{\boldsymbol{E}} \cdot \frac{\partial \overline{D}}{\partial t} \tag{4.63}$$

$$\overline{\boldsymbol{H}} \cdot \left(\nabla \times \overline{\boldsymbol{E}}\right) = -\overline{\boldsymbol{H}} \cdot \frac{\partial \overline{B}}{\partial t} \tag{4.64}$$

式 (4.63) から式 (4.64) の両辺を引くと，

$$\overline{\boldsymbol{E}} \cdot \left(\nabla \times \overline{\boldsymbol{H}}\right) - \overline{\boldsymbol{H}} \cdot \left(\nabla \times \overline{\boldsymbol{E}}\right) = \overline{\boldsymbol{E}} \cdot \bar{j} + \overline{\boldsymbol{E}} \cdot \frac{\partial \overline{D}}{\partial t} + \overline{\boldsymbol{H}} \cdot \frac{\partial \overline{B}}{\partial t} \tag{4.65}$$

となります。次に，時間微分の項を左辺に，残りを右辺に移行します。

$$-\overline{\boldsymbol{E}} \cdot \frac{\partial \overline{D}}{\partial t} - \overline{\boldsymbol{H}} \cdot \frac{\partial \overline{B}}{\partial t} = \overline{\boldsymbol{H}} \cdot \left(\nabla \times \overline{\boldsymbol{E}}\right) - \overline{\boldsymbol{E}} \cdot \left(\nabla \times \overline{\boldsymbol{H}}\right) + \overline{\boldsymbol{E}} \cdot \bar{j} \tag{4.66}$$

ここで，ベクトル解析の公式

$$\nabla \cdot \left(\overline{\boldsymbol{E}} \times \overline{\boldsymbol{H}}\right) = \overline{\boldsymbol{H}} \cdot \left(\nabla \times \overline{\boldsymbol{E}}\right) - \overline{\boldsymbol{E}} \cdot \left(\nabla \times \overline{\boldsymbol{H}}\right) \tag{4.67}$$

を使って，

$$-\overline{\boldsymbol{E}} \cdot \frac{\partial \overline{D}}{\partial t} - \overline{\boldsymbol{H}} \cdot \frac{\partial \overline{B}}{\partial t} = \nabla \cdot \left(\overline{\boldsymbol{E}} \times \overline{\boldsymbol{H}}\right) + \overline{\boldsymbol{E}} \cdot \bar{j} \tag{4.68}$$

さらに，式 (4.63) と式 (4.64) を変形して，

$$-\overline{\boldsymbol{E}} \cdot \frac{\partial \overline{D}}{\partial t} = -\varepsilon_0 \overline{\boldsymbol{E}} \frac{\partial \overline{\boldsymbol{E}}}{\partial t} = -\frac{1}{2}\frac{\partial}{\partial t}\left(\varepsilon_0 \overline{\boldsymbol{E}}^2\right) = -\frac{\partial}{\partial t}\left(\frac{1}{2}\varepsilon_0 \overline{\boldsymbol{E}}^2\right) \tag{4.69}$$

$$-\overline{\boldsymbol{H}} \cdot \frac{\partial \overline{B}}{\partial t} = -\frac{\partial}{\partial t}\left(\frac{1}{2}\mu_0 \overline{\boldsymbol{H}}^2\right) \tag{4.70}$$

その結果，

$$-\frac{\partial}{\partial t}\left[\frac{1}{2}\varepsilon_0 \overline{E}^2 + \frac{1}{2}\mu_0 \overline{H}^2\right] = \nabla \cdot (\overline{E} \times \overline{H}) + \overline{E} \cdot \overline{j} \tag{4.71}$$

となります。左辺は電磁場がもつエネルギーの単位時間あたりの減少量を示します。

また，ここまでは単位体積あたりについて考えましたが，式 (4.71) を全空間 (V) について積分すると，左辺は全エネルギー U に対する単位時間当たりの減少量になるので，

$$-\frac{\partial U}{\partial t} = \int \overline{E} \cdot \overline{j} dV + \int \nabla \cdot (\overline{E} \times \overline{H}) \, dV \tag{4.72}$$

となります。さらに空間を覆う面の全面積を S としてガウスの定理を使うと，

$$-\frac{\partial U}{\partial t} = \int \overline{E} \cdot \overline{j} dV + \int (\overline{E} \times \overline{H}) \cdot \overline{n} dS \tag{4.73}$$

となります。右辺の第 1 項はジュール発熱を表します。また，第 2 項は空間から出ていく電磁場エネルギーを表し，エネルギーの流れの物理量として，ポインティングベクトルを定義できることが分かります。

$$\overline{S} = \overline{E} \times \overline{H} \tag{4.74}$$

また，誘電損失はダイポールが反転することによる電荷の流れとも考えることができるので，無理に誘電損失としなくても，4.2 節で示したようにジュール損失，熱損失として表現してよいことも理解できます。

4.3.3　電磁波の一般解の導出

ここまで，図 4.5 の電波，すなわち直線に進む平面波を求めるため，電磁波伝播方向や電場と磁場の振動方向に直交座標系を合わせ，無損失の電磁波の解から出発し，電磁波が損失する媒体中を通過するときの解について示してきました。

しかしこれでは，次の節で述べる伝播媒体が複数ある場合や，入射波や反射波，透過波などの 2 つ以上の電波がある場合を同時に扱うことができません。これでは不便なので座標系を任意に選べるようにするため解を拡張します。そのため，本項では電磁波が任意の場所にある場合の数学表現

の導出を目的とします。また，これ以降の式で ∇ や X を用いたのは座標系を円筒座標系や球面座標系に変換するためです。

　まず，直交座標系として電磁波の数学表現を導出します。前節の式 (4.1)〜式 (4.12) までは同じです。ここで便宜上，式 (4.12) を改めて式 (4.75) として記載します。

$$\nabla^2 \overline{\boldsymbol{E}} + \omega^2 \mu \varepsilon \overline{\boldsymbol{E}} = 0 \tag{4.75}$$

直交座標系として式 (4.75) を書き直すと，

$$\frac{\partial^2 \overline{\boldsymbol{E}}}{\partial x^2} + \frac{\partial^2 \overline{\boldsymbol{E}}}{\partial y^2} + \frac{\partial^2 \overline{\boldsymbol{E}}}{\partial z^2} + {k_0}^2 \overline{\boldsymbol{E}} = 0 \tag{4.76}$$

さらに，$\overline{\boldsymbol{E}}$ の各成分について次の波動方程式が成り立ちます。

$$\frac{\partial^2 \boldsymbol{E}_i}{\partial x^2} + \frac{\partial^2 \boldsymbol{E}_i}{\partial y^2} + \frac{\partial^2 \boldsymbol{E}_i}{\partial z^2} + {k_0}^2 \boldsymbol{E}_i = 0 \tag{4.77}$$

ここで，$i = x, y, z$ です。この方程式は偏微分方程式の解法である変数分離法により解くことができます。例えば，$\boldsymbol{E}_x$ は 3 つの座標のそれぞれについて 3 つの関数の積として

$$\boldsymbol{E}_x\,(x, y, z) = f\,(x)\,g\,(y)\,h\,(z) \tag{4.78}$$

により解くことができます。式 (4.78) を式 (4.76) に代入し，さらに両辺を fgh で割ると，

$$\frac{f''}{f} + \frac{g''}{g} + \frac{h''}{h} + {k_0}^2 = 0 \tag{4.79}$$

となります。ここで，ダブルプライムは二階微分を表しています。また，式 (4.79) の $\frac{f''}{f}$ は x の関数，$\frac{g''}{g}$ は y の関数，$\frac{h''}{h}$ は z の関数なので各項は独立しており，定数と等しくならなければなりません。つまり，$\frac{f''}{f}$ は定数でなければならず，他の項も同じであることから，3 つの分離定数を次のように決めることができます。

$$\frac{f''}{f} = -k_x^2, \frac{g''}{g} = -k_y^2, \frac{h''}{h} = -k_z^2 \tag{4.80}$$

もしくは，

$$\frac{\partial^2 f}{\partial x^2} + k_x{}^2 f = 0, \frac{\partial^2 g}{\partial y^2} + k_y{}^2 g = 0, \frac{\partial^2 h}{\partial z^2} + k_z{}^2 h = 0 \qquad (4.81)$$

となります。したがって，

$$k_x^2 + k_y^2 + k_z^2 = k_0^2 \qquad (4.82)$$

となり，偏微分方程式を 3 つの常微分方程式に変換することができました。この 3 つ方程式の一般解はそれぞれ $e^{\pm jk_x x}$, $e^{\pm jk_y y}$, $e^{\pm jk_z z}$ となります。また，4.2.3 項ですでに議論したように，符号がマイナスのものが信号源から進む，すなわち進行方向，符号がプラスのものが信号源に向かう，すなわち反射方向になります。

議論を進めるために，ここでは各座標軸に対して正の方向に進む平面波を選んだときの解を示します。式 (4.78) から

$$E_x\,(x, y, z) = \mathrm{A}e^{-j(k_x x + k_y y + k_z z)} \qquad (4.83)$$

A は任意の x 方向の振幅定数です。ここで，波数ベクトル $\overline{k}$ を次のように定義します。

$$\overline{k} = k_x \hat{x} + k_y \hat{y} + k_z \hat{z} = k_0 \hat{n} \qquad (4.84)$$

ここで，

$$\left| \overline{k} \right| = k_0 \qquad (4.85)$$

であり，$\hat{n}$ は平面波が進む伝播方向の単位ベクトルです。次に，位置ベクトル $\overline{r}$ を次のように示すことができます。

$$\overline{r} = x\hat{x} + y\hat{y} + z\hat{z} \qquad (4.86)$$

したがって，式 (4.83) は次のように書き直すことができます。

$$\boldsymbol{E}_x\,(x, y, z) = \mathrm{A}e^{-j\overline{\boldsymbol{k}}\cdot\overline{\boldsymbol{r}}} \qquad (4.87)$$

さらに，$\boldsymbol{E}_y$ や $\boldsymbol{E}_z$ に対しての解も同様となります。ただし振幅定数は異なるので，次のように書くことができます。

$$\boldsymbol{E}_y\,(x, y, z) = \mathrm{B}e^{-j\overline{\boldsymbol{k}}\cdot\overline{\boldsymbol{r}}} \qquad (4.88)$$

103

$$E_z\left(x, y, z\right) = \mathrm{C}e^{-j\overline{\boldsymbol{k}}\cdot\overline{\boldsymbol{r}}} \tag{4.89}$$

　ここで，電磁波が伝播している媒質空間には電荷がゼロであるとしたので，マックスウェルの発散条件は

$$\nabla \cdot \overline{\boldsymbol{E}} = \frac{\partial \boldsymbol{E}_x}{\partial x} + \frac{\partial \boldsymbol{E}_y}{\partial y} + \frac{\partial \boldsymbol{E}_z}{\partial z} = 0 \tag{4.90}$$

となり，この方程式を満たすためには，$\boldsymbol{E}_x, \boldsymbol{E}_y, \boldsymbol{E}_z$ がそれぞれ x, y, x において同じ変化をすることが必要です。また，この条件は振幅定数 A, B, C に次の制約を与えます。まず，

$$\overline{\boldsymbol{E}}_0 = \mathrm{A}\hat{x} + \mathrm{B}\hat{y} + \mathrm{C}\hat{z} \tag{4.91}$$

と定義すると

$$\overline{\boldsymbol{E}} = \overline{\boldsymbol{E}}_0 e^{-j\overline{\boldsymbol{k}}\cdot\overline{\boldsymbol{r}}} \tag{4.92}$$

となるので，

$$\nabla \cdot \overline{\boldsymbol{E}} = \nabla \cdot \left(\overline{\boldsymbol{E}}_0 e^{-j\overline{\boldsymbol{k}}\cdot\overline{\boldsymbol{r}}}\right) = \overline{\boldsymbol{E}}_0 \cdot \nabla e^{-j\overline{\boldsymbol{k}}\cdot\overline{\boldsymbol{r}}} = -j\overline{\boldsymbol{k}} \cdot \overline{\boldsymbol{E}}_0 e^{-j\overline{\boldsymbol{k}}\cdot\overline{\boldsymbol{r}}} = 0 \tag{4.93}$$

となります。つまり，

$$\overline{\boldsymbol{k}} \cdot \overline{\boldsymbol{E}}_0 = 0 \tag{4.94}$$

とならなければなりません。また，これは 3 つの振幅定数 A, B, C のうち 2 つだけを独立に選ぶことができることを意味します。さらに，式 (4.92) は平面波の電場の一般的な形を表しており，電場伝播方向ベクトルと電場振動ベクトルが垂直，つまり，横波であることを示しています。

　次に，同様に磁場の一般解に関して求めます。これはマックスウェルの方程式の式 (4.8) に式 (4.92) を代入して変形し，

$$\begin{aligned}
\overline{\boldsymbol{H}} &= \frac{1}{-j\omega\mu_0}\nabla \times \overline{\boldsymbol{E}}_0 = \frac{j}{\omega\mu_0}\nabla \times \overline{\boldsymbol{E}}_0 e^{-j\overline{\boldsymbol{k}}\cdot\overline{\boldsymbol{r}}} \\
&= \frac{-j}{\omega\mu_0}\left(\overline{\boldsymbol{E}}_0 \times \nabla e^{-j\overline{\boldsymbol{k}}\cdot\overline{\boldsymbol{r}}}\right) \\
&= \frac{-j}{\omega\mu_0}\overline{\boldsymbol{E}}_0 \times \left(-j\overline{\boldsymbol{k}}\right)e^{-j\overline{\boldsymbol{k}}\cdot\overline{\boldsymbol{r}}}
\end{aligned}$$

$$= \frac{k_0}{\omega \mu_0} \hat{n} \times \overline{E}_0 e^{-j\overline{k}\cdot\overline{r}}$$

$$= \frac{1}{\eta_0} \hat{n} \times \overline{E} \tag{4.95}$$

$$\eta_0 = \sqrt{\frac{\mu_0}{\varepsilon_0}} \tag{4.96}$$

と求めることができました。

磁場ベクトル $\overline{H}$ は伝播方向である $\overline{k}$ に垂直な平面に存在し，さらに電場ベクトル $\overline{E}$ とも垂直となります。これらの関係を図 4.9 に示します。

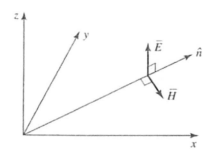

図 4.9 　右手直交座標系

また，空間の固有インピーダンスは $\eta_0 = 377\,\Omega$ となり，係数等が同じなので，式 (4.27) で示した値と同じになります。得られた解に時間の項を加えて，実際に観測される電場 $\overline{\mathcal{E}}$ は，

$$\overline{\mathcal{E}}(x,y,z,t) = Re\left\{\overline{E}(x,y,z)\,e^{j\omega t}\right\}$$

$$= Re\left\{\overline{E}_0 e^{-j\overline{k}\cdot\overline{r}} e^{j\omega t}\right\}$$

$$= \overline{E}_0 \cos\left(\overline{k}\cdot\overline{r} - \omega t\right) \tag{4.97}$$

と求められます。なお，この式に含まれる振幅定数は実数であると仮定しています。実数でない場合，cos の内部に位相が含まれることになります。

また，解から得られる波長 λ_0 は

$$|k_0| \cdot \lambda_0 = 2\pi \tag{4.98}$$

105

より,

$$\lambda_0 = \frac{2\pi}{|k_0|} \tag{4.99}$$

さらに,位相速度は

$$\overline{\boldsymbol{k}} \cdot \overline{\boldsymbol{r}} - \omega t = const. \tag{4.100}$$

より,伝播方向と位置ベクトルの内積は 1 なので,

$$k_0 \frac{dr}{dt} - \omega t = 0 \tag{4.101}$$

$$v_p = \frac{dr}{dt} = \frac{\omega}{k_0} = \frac{1}{\sqrt{\mu_0 \varepsilon_0}} \tag{4.102}$$

となり,前節で示したように波長と位相速度は同じとなることを示すことができました。

　4.2.2 項ではマックスウェル方程式を解きやすいように電波に合わせて座標系を選び,定常解を得ました。一方,本項では自由に座標を選べることが示されたので,次項以降は本項で得た解を使って考えていきます。

4.3.4　電磁場の一般解を使った円偏波

　電磁波を表す数式を一般化することができたので,円偏波や電磁波の屈折について扱えるようになりました。これまで述べてきた平面波は,電場ベクトルが一定方向を向いていることから直線偏波とも呼びます。これ以外に,平面波における電場振動方向が時間とともに変化する場合があります。特に時間とともに電場ベクトルが変わることを円偏波と呼び,円偏波には右回転と左回転があります。

　円偏波の一つの性質として,壁に当たると反対周りになるというものがあります。また,右円偏波(右回転)なら右円偏波用のアンテナでないと受信できないなどの特徴があります。この特徴を利用し,身の回りでは人工衛星から送られる GPS (Global Positioning System) 信号として広く使われています。また,化学合成における化合物分子のキラル制御などにも適用できる可能性があります。

　円偏波を考える場合,直交座標でも図 4.9 に示す右手系直交座標系を用

います。

　次に，振幅 E_1 の x 直線偏波と振幅 E_2 の y 直線偏波の重ね合わせを考え，両方とも正の Z 方向へ進むとします。その場合，この 2 つを合わせた全電場は次のように書くことができます [9]。

$$\overline{\boldsymbol{E}} = (E_1\hat{x} + E_2\hat{y}) \, e^{-jk_0z} \tag{4.103}$$

ここで $E_2 = 0$ もしくは $E_1 = 0$ とすると，直線偏波であることが理解できます。一方，E_1 と E_2 の両方ともゼロでないとすると，この平面波は直交座標系に対しての次の偏向角度をもつと言えます。

$$\varnothing = \tan^{-1} \frac{E_2}{E_1} \tag{4.104}$$

ここで，$E_1 = E_2 = E_0$ とすると，式 (4.103) は

$$\overline{\boldsymbol{E}} = E_0 \, (\hat{x} + \hat{y}) \, e^{-jk_0z} \tag{4.105}$$

となり，偏向角度は x 軸に対して $45°$ となります。ここで，$E_1 = jE_2 = E_0$，E_0 は実数とします。すると式 (4.105) は，

$$\overline{\boldsymbol{E}} = E_0 \, (\hat{x} - j\hat{y}) \, e^{-jk_0z} \tag{4.106}$$

なので，式 (4.106) に時間の項を加えた $\overline{\mathcal{E}}$ は，

$$\overline{\mathcal{E}} \, (x,y,z,t) = Re \left\{ \overline{\boldsymbol{E}} \, (x,y,z) \, e^{j\omega t} \right\} \tag{4.107}$$

となります。$\overline{\mathcal{E}}$ は x と y を独立変数としてもたないので省くと，

$$\begin{aligned}
\overline{\mathcal{E}} \, (z,t) &= Re \left\{ E_0 \, (\hat{x} - j\hat{y}) \, e^{-jk_0z} e^{j\omega t} \right\} \\
&= Re \left\{ E_0 \, \left(\hat{x} + \hat{y}e^{-j\frac{\pi}{2}}\right) e^{-jk_0z} e^{j\omega t} \right\} \\
&= Re \left\{ E_0 \left(e^{j(\omega t - k_0z)}\hat{x} + \hat{y}e^{j\left(\omega t - k_0z - \frac{\pi}{2}\right)} \right) \right\} \\
&= E_0 \left[\hat{x} \cos (\omega t - k_0z) + \hat{y} \cos \left(\omega t - k_0z - \frac{\pi}{2} \right) \right]
\end{aligned} \tag{4.108}$$

と表せます。

　ここで，z=0 の点について考えます。

$$\overline{\mathcal{E}} \, (0,t) = E_0 \left[\hat{x} \cos (\omega t) + \hat{y} \cos \left(\omega t - \frac{\pi}{2} \right) \right] = E_0 \left[\hat{x} \cos (\omega t) + \hat{y} \sin (\omega t) \right] \tag{4.109}$$

107

となり，z=0 の点では時間がゼロから増加するとともに電場ベクトル $\overline{\mathcal{E}}(0,t)$ は x 軸から y 軸へ反時計周りに回ります。それを偏向角度で示すと，

$$\varnothing = \tan^{-1}\frac{\sin\omega t}{\cos\omega t} = \omega t \tag{4.110}$$

となります。電場が伝播する方向を z 軸とすると右手座標系になるので，図 4.10 のように右手円偏波 (Right Hand Circularly Polarized wave, RHCP) と呼びます。

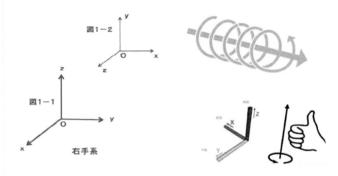

図 4.10　右手系直交座標系と右手円偏波

同様に，$E_1 = -jE_2 = E_0$ とすると，

$$\overline{E} = E_0\left(\hat{x} + j\hat{y}\right)e^{-jk_0z} \tag{4.111}$$

となり，今度は $\frac{\pi}{2}$ だけ遅れた形になり，

$$\overline{\mathcal{E}}(0,t) = E_0\left[\hat{x}\cos(\omega t) + \hat{y}\cos\left(\omega t + \frac{\pi}{2}\right)\right]$$
$$= E_0\left[\hat{x}\cos(\omega t) - \hat{y}\sin(\omega t)\right] \tag{4.112}$$

$$\varnothing = \tan^{-1}\frac{-\sin\omega t}{\cos\omega t} = -\omega t \tag{4.113}$$

となり，z=0 の点では時間がゼロから増加するとともに電場ベクトル $\overline{\mathcal{E}}(0,t)$ は x 軸から y 軸へ時計周りに回ります。伝播方向 z 軸を考えると図 4.11 のような左手系直交座標系なので，左円偏波 (Left Hand

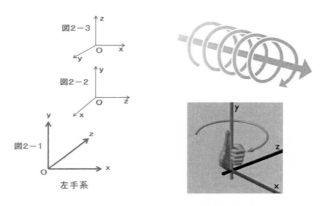

図 4.11　左手系直交座標系と左手円偏波

Circularly Polarized wave, LHCP) と呼ばれます。

このときの磁場は，式 (4.95) から

$$\overline{\boldsymbol{H}} = \frac{1}{\eta_0}\hat{\boldsymbol{n}} \times \overline{\boldsymbol{E}} = \frac{1}{\eta_0}\hat{z} \times \overline{\boldsymbol{E}}_0\left(\hat{x} - j\hat{y}\right)e^{-jk_0 z}$$

$$= \frac{\overline{\boldsymbol{E}}_0}{\eta_0}\left(\hat{y} + j\hat{x}\right)e^{-jk_0 z} = \frac{j\overline{\boldsymbol{E}}_0}{\eta_0}\left(\hat{x} - j\hat{y}\right)e^{-jk_0 z} \tag{4.114}$$

となり，電場に対して垂直かつ時間とともに電場と同じ向きに回転するので，右手系円偏波となります。

一連の数式変形はトリッキーな感じがするものの，位相が時間と空間で決まることをうまく利用し数式に組み込むことができたので，円偏波について数学的に表現することができたと言えます。

4.3.5　電磁波の反射と屈折

本節ではこれまで，電磁波は一様な媒質を伝播するとしました。光が空気から水など不連続な媒質を伝播するときに反射や屈折，回折などの現象が起きていることはみなさんが日常で体験しているとおりですが，電磁波でも同様のことが起きています。その場合の境界条件について考えます。ここでは，空気と水や有機溶剤と石英管など，不連続な媒質を伝播すると考えます。これ以外の境界条件は後ほど記述します。

109

　光が不連続な媒体を通ったとしても，光の大きさが不連続になることはありません。同様に，電場や磁場に対して不連続な境界で，媒体が不連続であっても電磁場の大きさが大きくなったり小さくなったり不連続になることはないはずです。本項ではこれを証明します。この証明に用いる座標系を少しでも減らしたいので，伝播方向は境界面に水平か垂直かの 2 通りだけにします。複雑な座標系は本証明後に適用すればよいので，まずは簡単に求めることにします。それでは，電磁波が不連続面で連続であると示していきます。

(1) 不連続境界で電場・磁場が境界面に沿っている場合（伝播方向が法線の場合）[10]

　図 4.12 に示すとおり，媒質 1 と媒質 2 の境界に微小な面 A を設定し，その面の周辺を C と考えます。まず，このときの電場について考えます。

　式 (4.2) において，両辺を面 A について積分すると，

$$\int_A \nabla \times \overline{\boldsymbol{E}} \cdot dA = - \int_A \frac{\partial \overline{\boldsymbol{B}}}{\partial t} \cdot dA \tag{4.115}$$

となり，ストークスの定理から，

$$\int_A \nabla \times \overline{\boldsymbol{E}} \cdot dA = \int_C \overline{\boldsymbol{E}} \cdot dC \tag{4.116}$$

したがって式 (4.115) は，

$$\int_C \overline{\boldsymbol{E}} \cdot dC = - \int_A \frac{\partial \overline{\boldsymbol{B}}}{\partial t} \cdot dA \tag{4.117}$$

と書き直せます。

　図 4.12 に示すとおり，式 (4.117) は微小領域 A の周回積分（C はその周回であり，dC は線素ベクトル）です。微小領域 A を 0 に近づけると，式 (4.117) の右辺はゼロとなります。また，左辺は $\Delta h \to 0$ であるので，媒質 1 側の電場を E_{t1}（媒質 1 における境界方向 (t) の成分），媒質 2 側の電場を E_{t2}（媒質 2 における境界方向 (t) の成分）とすると，$-E_{t1}\Delta l + E_{t2}\Delta l = 0$ となります。結局，境界では $E_{t1} = E_{t2}$ となり，媒質 1 と媒質 2 の境界では電場は等しいと言えます。

　次に磁場の場合，同様に式 (4.4) において両辺を A について積分し，ス

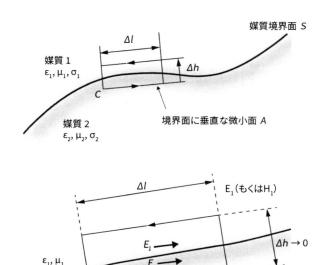

図 4.12　不連続境界で電場・磁場が境界面に沿っている場合

トークスの定理を適用すると,

$$\int_C \overline{\boldsymbol{H}} \cdot dC = \int_A \left(\sigma \overline{\boldsymbol{E}} + \frac{\partial \overline{\boldsymbol{E}}}{\partial t} \right) \cdot dA \tag{4.118}$$

となります。式 (4.118) より，導電率 σ が無限大である完全導体以外は，微小領域 A を 0 に近づけると，右辺はゼロとなります。Δh もゼロになりますので，結局，媒質 1 側の磁場 H_{t1}（境界方向の成分），磁場 2 側の H_{t2}（境界方向の成分）は同じになります。なお，媒質 2 が完全導体の場合は $H_2 = 0$ となり，H_1 は一定の値となります。このとき完全導体中の表面のみ渦電流が発生し，境界近辺の媒質 1 側の磁場は H_1 となります。

(2) 不連続境界で電場・磁場が境界面に対して法線となった場合（伝播方向が境界面に沿った場合）[10]

　図 4.13 のように，境界である S 面上に ΔS をもった微小な円柱を考え

111

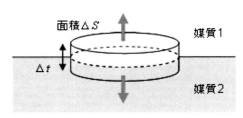

媒質 1　　ε_1、　μ_1、　σ_1

媒質2　　ε_2、　μ_2、　σ_2

図 4.13　不連続境界で電場・磁場が境界面に対して法線方向にある場合

ます。電場から考えます。

　ΔS 面に垂直な媒質 1 側の電束密度を D_1，媒質 2 側の電束密度を D_2 とし，式 (4.1) を体積積分します。

$$\int_V \nabla \cdot \overline{D} dV = \int_V \rho dV \tag{4.119}$$

ガウスの定理を適用し，左辺の体積積分を面積分に変化すると

$$\int_S \overline{D} dS = \rho \Delta S \Delta h \tag{4.120}$$

となります。Δh が小さいとすると円柱側面から出る電束は無視できるので，以下のように書き直せます。

$$(D_1 - D_2)\Delta S = \rho \Delta S \Delta h \tag{4.121}$$

そのため，

$$(D_1 - D_2) = \rho \Delta h \tag{4.122}$$

となります。ここで境界面に電荷がないとし，ρ をゼロとすると，$D_1 = D_2$ となります。つまり境界面近傍では電場は一致します。ただし，電荷が存在すると面電荷に応じた電束密度の不連続が生じます。なお，磁場の場合は，$H_1 = H_2$ となります。

　以上から，電磁波が不連続な媒質中を伝播する場合，その媒質間での電

場および磁場は境界面では一致することが示されました。これはもう少し考えると，電磁波の電場や磁場ベクトルが媒質の近傍では同じでなければならないということになります。また，媒質 1 と媒質 2 の波の変位量（電場や磁場）の最大・最小である山と谷が境界面で一致し，電磁波であっても弾性波などの波と同様の性質をもつことを，数式を使って示すことができました。

(3) 誘電体界面における反射・透過・屈折

　光が異なる媒質に入射した場合の反射や屈折の関係を表す法則として「スネルの法則」が知られています。光も電磁波ですので，これまでに導出した電磁場の式を使ってこの法則を導出します。そこで，誘電体界面における反射・透過・屈折について考えます。

　図 4.14 に示すように x 軸に沿って媒質 1（誘電率 ε_1）と媒質 2（誘電率 ε_2）の界面があり，そこに斜めに電磁波（E_i と H_i）が伝播している場合を考えます。なお，電場は x‐z 面にあるとします。

　界面では反射と透過が生じ，それぞれ $\overline{E}_r$ と $\overline{H}_r$，$\overline{E}_t$ と $\overline{H}_t$ とし，それぞれの角度も $\theta_i, \theta_r, \theta_t$ とします。図 4.14 において左下から入射する電磁波の電場 $\overline{E}_i$ は，拡大した図 4.15 に示すとおり，

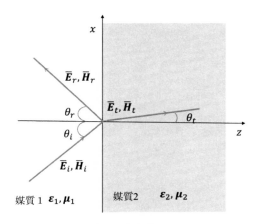

図 4.14　2 つの異なる媒質を通過する電磁場とそれぞれのパラメータの設定

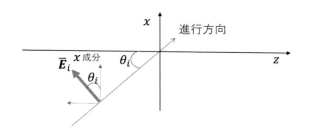

図 4.15 **進行方向の部分を拡大**

$$\overline{E_i} = E_0 \left(\hat{x} \cos \theta_i - \hat{z} \sin \theta_i \right) e^{-jk_1 (x \sin \theta_i + z \cos \theta_i)} \tag{4.123}$$

$$\overline{H_i} = \frac{1}{\eta_0} \hat{n} \times \overline{E} = \frac{E_0}{\eta_1} \hat{y} e^{-jk_1 (x \sin \theta_i + z \cos \theta_i)} \tag{4.124}$$

$$k_1 = \omega \sqrt{\mu_0 \varepsilon_1}, \eta_1 = \sqrt{\frac{\mu_0}{\varepsilon_1}} \tag{4.125}$$

となります。

これを元に，図 4.16 に示した反射・透過する電磁波について式を立てます。反射波は，

$$\overline{E_r} = E_0 \Gamma \left(\hat{x} \cos \theta_r + \hat{z} \sin \theta_r \right) e^{-jk_1 (x \sin \theta_r - z \cos \theta_r)} \tag{4.126}$$

$$\overline{H_r} = \frac{-E_0 \Gamma}{\eta_1} \hat{y} e^{-jk_1 (x \sin \theta_r - z \cos \theta_r)} \tag{4.127}$$

透過波は

$$\overline{E_t} = E_0 T \left(\hat{x} \cos \theta_t - \hat{z} \sin \theta_t \right) e^{-jk_2 (x \sin \theta_t - z \cos \theta_t)} \tag{4.128}$$

$$\overline{H_t} = \frac{E_0 T}{\eta_2} \hat{y} e^{-jk_2 (x \sin \theta_t + z \cos \theta_t)} \tag{4.129}$$

となります。ここで，不明なパラメータは Γ, T, θ_r, θ_t であり，これらを求めます。

$z = 0$ では，界面の電荷はありません。ここで，エネルギーが変位量に相関し，また変位量は保存されるとすると，

$$\overline{E_i} + \overline{E_r} = \overline{E_t}, \overline{H_i} + \overline{H_r} = \overline{H_t} \tag{4.130}$$

なので，

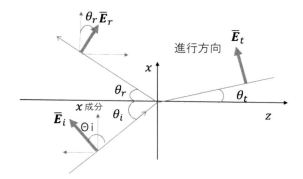

図 4.16　境界面における入射波，反射波，透過波の電場の関係

$$\cos \theta_i e^{-jk_1 x \sin \theta_i} + \Gamma \cos \theta_r e^{-jk_1 x \sin \theta_r} = T \cos \theta_t e^{-jk_2 x \sin \theta_t}$$

$$(4.131)$$

$$\frac{1}{\eta_1} e^{-jk_1 x \sin \theta_i} - \frac{\Gamma}{\eta_1} e^{-jk_1 x \sin \theta_r} = \frac{T}{\eta_2} e^{-jk_2 x \sin \theta_t} \qquad (4.132)$$

Z = 0 の場合，x 軸上のどこでも上記は成り立つ必要があることから，

$$k_1 \sin \theta_i = k_1 \sin \theta_r = k_2 \sin \theta_t \qquad (4.133)$$

であり，

$$\theta_i = \theta_r, k_1 \sin \theta_r = k_2 \sin \theta_t$$

となり，いわゆる，スネルの法則が成り立ちます。次に，式 (4.126) から
式 (4.129) に記載の Γ と T を求めます。

$$\cos \theta_i + \Gamma \cos \theta_i = T \cos \theta_t \qquad (4.134)$$

$$\frac{1}{\eta_1} - \frac{\Gamma}{\eta_1} = \frac{T}{\eta_2} \qquad (4.135)$$

なので，

$$\Gamma = \frac{\eta_2 \cos \theta_t - \eta_1 \cos \theta_i}{\eta_2 \cos \theta_t + \eta_1 \cos \theta_i}, T = \frac{2\eta_2 \cos \theta_i}{\eta_2 \cos \theta_t + \eta_1 \cos \theta_i} \qquad (4.136)$$

となります。ここで，$\theta_i = \theta_r = \theta_t = 0$ のとき，

$$\Gamma = \frac{\eta_2 - \eta_1}{\eta_2 + \eta_1}, \mathrm{T} = \frac{2\eta_2}{\eta_2 + \eta_1} \tag{4.137}$$

となります。

　なお，スネルの法則は電磁波で考えなくても，図 4.17 に示すとおり，媒質 1 と媒質 2 の波長（伝播速度や周波数）と境界面での連続（変位量が一致）からでも求めることができます。しかしながら，この場合は Γ や T を求めることはできません。

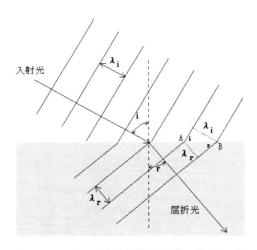

図 4.17　スネルの法則を導出する際に使われる図

　今回，電磁波が異なる媒質を伝播する場合について，電場・磁場の方程式を立てることでその反射波や透過波の定量化を可能としました。さらに，$\Gamma = 0$ となる角度，すなわち，反射波がゼロとなる角度をブリュースター角 θ_b とし，次のように求めることができます。

$$\eta_2 \cos \theta_t = \eta_1 \cos \theta_b \tag{4.138}$$

$$k_2 \sin \theta_t = k_1 \sin \theta_b \tag{4.139}$$

$\mu_1 = \mu_2 = 1$ とすると，

$$\cos \theta_t = \sqrt{1 - \frac{k_1^2}{k_2^2} \sin^2 \theta_b} \tag{4.140}$$

$$\sin \theta_b = \frac{1}{\sqrt{1 + \frac{\varepsilon_1}{\varepsilon_2}}} \tag{4.141}$$

となります。

なお，ここでは，以下の式変形を用いました。

$$\frac{\partial E_x}{\partial z} = \frac{\partial}{\partial z} E_0 \cos \theta_i e^{-jk_i(x \sin \theta_i + z \cos \theta_i)}$$

$$= -jk_i E_0 \cos^2 \theta_i e^{-jk_i(x \sin \theta_i + z \cos \theta_i)}$$

$$\frac{\partial E_z}{\partial x} = \frac{\partial}{\partial x} - E_0 \sin \theta_i e^{-jk_i(x \sin \theta_i + z \cos \theta_i)}$$

$$= jk_i E_0 \sin^2 \theta_i e^{-jk_i(x \sin \theta_i + z \cos \theta_i)}$$

$$\frac{\partial E_x}{\partial z} - \frac{\partial E_z}{\partial x} = -jk_i E_0 \cos^2 \theta_i e^{-jk_i(x \sin \theta_i + z \cos \theta_i)}$$

$$- jk_i E_0 \sin^2 \theta_i e^{-jk_i(x \sin \theta_i + z \cos \theta_i)}$$

$$= -jk_i E_0 e^{-jk_i(x \sin \theta_i + z \cos \theta_i)} = -j\omega\mu H_y \tag{4.142}$$

4.3.6 その他の境界条件

　前項では，電磁波の伝播路に異なる媒体がある場合について考えました。本項では完全に電磁波が反射する場合，すなわち電場や磁場が反射する場合について考えます。このような境界条件を考えることで，電磁場シミュレータでは計算を行う対象物の簡略化ができるメリットがあります。それでは，前項で触れなかった境界条件について述べます。

(1) 電気壁 (Perfect Electric Conductor, PEC)

　金属は多くの電子をもち，移動速度が速いことから，導電性が高い金属では場所による電位差がほとんど生じません。例えば，完全導体（超伝導体を想定します）の場合，導体内の電場はゼロです。これを電気壁と言います。例えば，その境界近傍に電荷があった場合，金属面と水平な方向のベクトルがないことから，図 4.18 に示したように電場ベクトル（電気力線）は金属面に垂直となり入射します。これはあたかも，同じ電荷量かつ

117

符号が逆の電荷が等距離に存在することと同じのように見えます。これを
鏡像効果と言います。

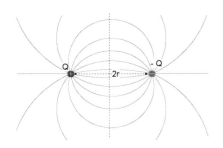

図 4.18　電気壁の鏡像効果

(2) 磁気壁 (Perfect Magnetic Conductor, PMC)

　電気力線が垂直になる面があるなら，水平になる面もしくは図 4.19 に
示すような磁力線が垂直になる面も容易に想像ができます。これを磁気
壁と言います。磁気壁は，例えば，完全導体である壁があり，そこからあ
る一定の離れた場所で壁に水平に回転する電流が流れていた場合，その壁
に同じように回転する電流，渦電流が流れるということです。

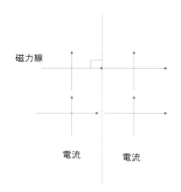

図 4.19　磁気壁の鏡像効果

(3) 電磁場シミュレーションにおける電気壁と磁気壁

(1) と (2) はどちらとも完全導体を想定していることから，一見現実の
モデルでは有用とは思えないでしょう。しかし，電磁場シミュレーション
でこれらの電気壁と磁気壁を考えることは，計算する量を減らす上で重要
な境界となります。

例えば，図 4.20 に示すホーンアンテナの電磁場計算を行う場合，ホー
ンアンテナの内部構造で電場に垂直な面を PEC と設定し，水平な面を
PMC と設定することで，1/4 のモデルにまで縮小できます。これは，有
限要素法の場合，体積を三角錐で分割するためです。その結果，大幅に計
算量を減らすことが可能となります。

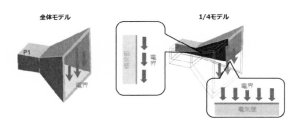

図 4.20　ホーンアンテナの簡略化

4.4　電磁波の伝送線路

4.4.1　伝送線路上における電磁波のモード

マイクロ波化学では，よくシングルモードやマルチモードといった言葉
が使われます。モードとは固有値のことで，例えば振動している波の腹や
節の数のことを表します。そのため厳密にはシングルモードやマルチモー
ドという表現は間違っており，本来，低次モード，高次モードという呼び
方が正しいと考えられます。本節ではそのモードについて考えます。モー
ドは伝送線路から来ています。そこで，本項では導波管などの大電力に加
えて通信によく使われる伝送線路について述べていきます。

高周波やマイクロ波を伝送する場合，プリント基板上に高周波信号を伝

送する線路が使われ，ケーブルには同軸線路やフィーダ線路が使われま
す。図 4.21 に示すように，代表的な高周波伝送路には (a) 平行 2 線（リ
ボン線，フィーダ線），(b) 同軸ケーブル，(c) プリント基板上の配線（マ
イクロストリップライン，コプレーナライン），(d) 導波管などがありま
す。なお，光も電磁波であることから (e) 光ファイバも知られています。

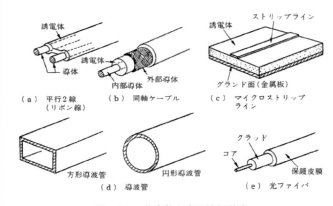

図 4.21　代表的な高周波伝送路

　図 4.21 のうち，(a) から (c) は電場と磁場が伝送方向に向かって垂直で
ある TEM モードが使われています。特に (c) のようなプリント基板を用
いた信号線路は，扱いやすいことからスマートフォンや PC などの信号処
理に使われており，目にされている人も多いと思います。
　また，特に高周波測定器は，特性インピーダンスとして 50 Ω で作られ
ています。そのため，ほとんどの伝送線路の特性インピーダンスが 50 Ω
となっています。ただ，マイクロ波工学や化学などの大電力を扱う場合，
特性インピーダンスが小さく磁場成分が大きいため，つまり，電場強度を
大きくできないため，どうしても磁場強度が増してしまいます。そのため
電流が流れて導体の発熱が生じやすく，損失が大きいことが分かります。
実際，市販品の同軸ケーブルで「大電力用」と言われているケーブルです
ら，2.45 GHz の連続波では 500 W くらいが限界と言われています。
　そのため，マイクロ波化学や放送局では数 kW 以上の高周波を扱う必要

があることから，中心導体がない，金属が四角形（方形）もしくは円形型
導波管が使われます。

　金属で囲われた伝送線路を使うと，伝播方向に対して垂直になるのは電
場もしくは磁場のみ，といった伝送モードになります。これらのモード
をそれぞれ，TE モード，TM モードと呼びます。なお，ここでモードと
言ったのは固有値であるからです。主に空間を使うことから特性インピー
ダンスも大きくなり，電場強度を大きくできます。伝送モードや導波管形
状によっては電場強度を 450 Ω 以上にすることも可能です。そのため数
kW 以上の伝送でも発熱を抑えることができるようになります。また，矩
形導波管の場合伝送モードは TE モードとなりやすく，導出しやすい三角
関数であることから多くの教科書に記載されています。導出方法は次の項
で述べます。

4.4.2 　導波管を伝播する電磁波のモード

　それでは，電磁波を伝送線路によって伝播する場合について数式を定量
的に考えます。

　式 (4.41) は物質中の電磁波の伝播を表すものでした。

$$\nabla^2 \overline{E} + \omega^2 \varepsilon \mu \left(1 - j\frac{\sigma}{\omega \varepsilon}\right) \overline{E} = 0 \tag{4.41}$$

磁場についても同様に，次のように表せます。

$$\nabla^2 \overline{H} + \omega^2 \varepsilon \mu \overline{H} = 0 \tag{4.143}$$

となります。媒体に応じて σ = 0，ε や μ を複素数とし，電磁波を表現で
きます。

　ここで，3 次元構造を伝送線路とし，直方体の導体で囲われている線
路，すなわち四角形の導波管とします。このようにすると，直交座標系を
使って，伝播方向を z，x-y 平面を四角形と設定できます。そこで，電場
と磁場の方程式を次のように立てます。

$$\overline{E}(x, y, z) = [\overline{e}(x, y) + \hat{z} e_z(x, y)] e^{-j\beta z} \tag{4.144}$$

$$\overline{H}(x, y, z) = [\overline{h}(x, y) + \hat{z} h_z(x, y)] e^{-j\beta z} \tag{4.145}$$

121

これらをマックスウェルの方程式の式 (4.8) と式 (4.9) に代入します。この場合，空間に電流はないので j=0 とします。

$$\nabla \times \overline{\boldsymbol{E}} = -j\omega\mu\overline{\boldsymbol{H}} \tag{4.146}$$

$$\nabla \times \overline{\boldsymbol{H}} = \frac{\partial \overline{\boldsymbol{D}}}{\partial t} = j\omega\varepsilon\overline{\boldsymbol{E}} \tag{4.147}$$

式 (4.146) の左辺は

$$\nabla \times \overline{\boldsymbol{E}} = \left(\frac{\partial E_z}{\partial y} - \frac{\partial E_y}{\partial z}\right)\cdot i + \left(\frac{\partial E_x}{\partial z} - \frac{\partial E_z}{\partial x}\right)\cdot j + \left(\frac{\partial E_y}{\partial x} - \frac{\partial E_x}{\partial y}\right)\cdot k \tag{4.148}$$

と書けるので，$\overline{\boldsymbol{H}}$ と $\overline{\boldsymbol{E}}$ の成分は以下のように表せます。

$$\left(\frac{\partial E_z}{\partial y} - \frac{\partial E_y}{\partial z}\right) = \frac{\partial E_z}{\partial y} + j\beta E_y = -j\omega\mu H_x \tag{4.149}$$

$$\left(\frac{\partial E_x}{\partial z} - \frac{\partial E_z}{\partial x}\right) = -j\beta E_x - \frac{\partial E_z}{\partial x} = -j\omega\mu H_y \tag{4.150}$$

$$\left(\frac{\partial E_y}{\partial x} - \frac{\partial E_x}{\partial y}\right) = -j\omega\mu H_z \tag{4.151}$$

$$\left(\frac{\partial H_z}{\partial y} - \frac{\partial H_y}{\partial z}\right) = \frac{\partial H_z}{\partial y} + j\beta H_y = j\omega\varepsilon E_x \tag{4.152}$$

$$\left(\frac{\partial H_x}{\partial z} - \frac{\partial H_z}{\partial x}\right) = -j\beta H_x - \frac{\partial H_z}{\partial x} = j\omega\varepsilon E_y \tag{4.153}$$

$$\left(\frac{\partial H_y}{\partial x} - \frac{\partial H_x}{\partial y}\right) = j\omega\varepsilon E_z \tag{4.154}$$

式 (4.149)〜式 (4.154) の 6 つの式を次の 4 つの式にまとめます。すなわち，H_x, H_y, E_x, E_y を E_z と H_z を使った式にします。まず，式 (4.149) と式 (4.153) を使って E_y を消去します。

$$H_x = \frac{j}{k_c^2}\left(\omega\varepsilon\frac{\partial E_z}{\partial y} - \beta\frac{\partial H_z}{\partial x}\right) \tag{4.155}$$

$$H_y = \frac{-j}{k_c^2}\left(\omega\varepsilon\frac{\partial E_z}{\partial x} + \beta\frac{\partial H_z}{\partial y}\right) \tag{4.156}$$

$$E_x = \frac{-j}{k_c^2}\left(\beta\frac{\partial E_z}{\partial x} + \omega\mu\frac{\partial H_z}{\partial y}\right) \tag{4.157}$$

$$E_y = \frac{j}{k_c^2}\left(-\beta\frac{\partial E_z}{\partial y} + \omega\mu\frac{\partial H_z}{\partial x}\right) \tag{4.158}$$

ここで，k_c^2 を

$$k_c^2 = k^2 - \beta^2, k = \omega\sqrt{\varepsilon\mu} \tag{4.159}$$

とします。

(1) TEM モードの場合

$E_z = H_z = 0$ なので，式 (4.159) は次のようになります。

$$\beta^2 E_y = k^2 E_y = \omega^2 \varepsilon\mu E_y \tag{4.160}$$

なので，

$$\beta = k = \omega\sqrt{\varepsilon\mu} \tag{4.161}$$

となります。式 (4.41) の E_x 成分は

$$\left(\frac{\partial^2}{\partial x^2} + \frac{\partial^2}{\partial y^2} + \frac{\partial^2}{\partial z^2} + k^2\right)E_x = 0 \tag{4.162}$$

です。ここで，

$$\frac{\partial^2 E_x}{\partial z^2} = -\beta^2 E_x = -k^2 E_x \tag{4.163}$$

なので，

$$\left(\frac{\partial^2}{\partial x^2} + \frac{\partial^2}{\partial y^2}\right)E_x = 0 \tag{4.164}$$

y 成分も同じなので，

$$\nabla^2 = \frac{\partial^2}{\partial x^2} + \frac{\partial^2}{\partial y^2} \tag{4.165}$$

を使って

$$\nabla^2 \bar{e}(x, y) = 0 \tag{4.166}$$

となります。磁場も同様な式変形を行うと

123

$$\nabla^2 \overline{h}(x, y) = 0 \tag{4.167}$$

が得られ，ラプラス方程式となります。つまり，式 (4.166) と式 (4.167) は x-y 平面で同時に広がった状態になります。また、電場と磁場は直交し，Z 方向には広がる必要があります。この 2 つのラプララスの方程式では，これを満たす解はとないことになります。

　以上より，導体を囲った伝送線路では TEM モードを伝播することができず，2 つ以上の導体を使う必要があることが分かります。つまり，これらの条件を満たす伝送線路は同軸ケーブル，プリント基板だと，マイクロストリップラインやコプレーナラインになることが分かります。

(2) TE モード

　次に，TE モード，すなわち伝播方向に垂直に電場が振動している場合について考えます。$E_z = 0$，$H_z \neq 0$ なので，これらを式 (4.149) から式 (4.154) に入れると，

$$H_x = \frac{-j\beta}{k_c^2} \frac{\partial H_z}{\partial x} \tag{4.168}$$

$$H_y = \frac{-j\beta}{k_c^2} \frac{\partial H_z}{\partial y} \tag{4.169}$$

$$E_x = \frac{-j\omega\mu}{k_c^2} \frac{\partial H_z}{\partial y} \tag{4.170}$$

$$E_y = \frac{j\omega\mu}{k_c^2} \frac{\partial H_z}{\partial x} \tag{4.171}$$

となります。なお，式 (4.168)〜式 (4.171) は $k_c \neq 0$ のとき解が存在します。そこで，もともとは式 (4.41) から出発していることを考慮して H_z 成分のみを抽出すると，

$$\left(\frac{\partial^2}{\partial x^2} + \frac{\partial^2}{\partial y^2} + \frac{\partial^2}{\partial z^2} + k^2 \right) H_z = 0 \tag{4.172}$$

となります。ここで，$H_z = h_z(x, y) e^{-j\beta z}$ とすると，

$$\left(\frac{\partial^2 H_z}{\partial x^2} + \frac{\partial^2 H_z}{\partial y^2} + k_c^2 \right) h_z = 0 \tag{4.173}$$

となります。ここで，$k_c^2 = k^2 - \beta^2$ です。k_c はゼロより大きい場合に電磁波が存在するので，カットオフ波数と呼ばれています。

ここから変数分離と境界条件を使って式 (4.170) を解いていきます。

$$h_z(x, y) = X(x) Y(y) \tag{4.174}$$

として式 (4.173) に代入すると，

$$\frac{1}{X}\frac{d^2 X}{dx^2} + \frac{1}{Y}\frac{d^2 Y}{dy^2} + k_c^2 = 0 \tag{4.175}$$

つまり，

$$\frac{d^2 X}{dx^2} + k_x^2 X = 0 \tag{4.176}$$

$$\frac{d^2 Y}{dy^2} + k_y^2 Y = 0 \tag{4.177}$$

$$k_x^2 + k_y^2 = k_c^2 \tag{4.178}$$

となります。結局，一般解は次の形になります。

$$h_z(x, y) = (A\cos k_x x + B\sin k_x x)(C\cos k_y y + D\sin k_y y) \tag{4.179}$$

A〜D の係数はある定数になります。今，考えるべき境界条件は導体で囲われているものなので，電場に対して図 4.22 に示す次の境界条件が与えられています。なお，図 4.22 に示すとおり，導波管の大きさは幅a、高さb とします。

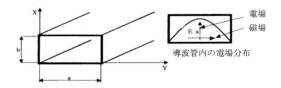

図 4.22　矩形導波管内の電場と磁場分布

y = 0 と b の位置で，$e_x(x, y) = 0$

x $= 0$ と a の位置で, $e_y (x, y) = 0$

となります。式 (4.179) を式 (4.170) と式 (4.171) にそれぞれ代入して,

$$e_x = \frac{-j\omega\mu}{k_c^2} k_y \left(\mathrm{A}\cos k_x x + \mathrm{B}\sin k_x x\right)\left(-\mathrm{C}\sin k_y y + \mathrm{D}\cos k_y y\right)$$
(4.180)

$$e_y = \frac{-j\omega\mu}{k_c^2} k_x \left(-\mathrm{A}\sin k_x x + \mathrm{B}\cos k_x x\right)\left(\mathrm{C}\cos k_y y + \mathrm{D}\sin k_y y\right)$$
(4.181)

境界条件式 (4.180) から D=0 となり, $k_y = \frac{n\pi}{b}$ n=0, 1, 2,..., また, 境界条件式 (4.181) から B=0 となり, $k_x = \frac{m\pi}{a}$ m=0, 1, 2,..., となることが分かります。結局, 式 (4.179) は次のようになります。

$$H_z (x, y) = \mathrm{A}_{mn} \cos \frac{m\pi}{a} x \sin \frac{n\pi}{b} y e^{-j\beta z}$$
(4.182)

A_{mn} は A と C の係数からなることが分かります。得られた解を使って式 (4.168)～式 (4.171) の 4 つの式に代入して, 最終的に次を得ます。

$$E_x = \frac{j\omega\mu n\pi}{k_c^2 b} \mathrm{A}_{mn} \cos \frac{m\pi}{a} x \sin \frac{n\pi}{b} y e^{-j\beta z}$$
(4.183)

$$E_y = \frac{-j\omega\mu m\pi}{k_c^2 a} \mathrm{A}_{mn} \sin \frac{m\pi}{a} x \cos \frac{n\pi}{b} y e^{-j\beta z}$$
(4.184)

$$H_x = \frac{j\omega\mu m\pi}{k_c^2 a} \mathrm{A}_{mn} \sin \frac{m\pi}{a} x \cos \frac{n\pi}{b} y e^{-j\beta z}$$
(4.185)

$$H_y = \frac{j\omega\mu n\pi}{k_c^2 b} \mathrm{A}_{mn} \cos \frac{m\pi}{a} x \sin \frac{n\pi}{b} y e^{-j\beta z}$$
(4.186)

以上より, 例えば, $m = 1$, $n = 0$ を式 (4.183)～式 (4.186) に代入したものは図 4.23 に示す電磁波の形になります。

このように, 本項では矩形状の導波管をモードとして示しました。市販されている導波管は矩形状です。その理由は, 図 4.23 に示す電磁場分布やモードが導出できるように, 境界条件が単純だからと言えます。式 (4.183)～式 (4.186) は複雑そうに見えますが, 境界条件が円筒だと解をベッセル関数などの微分方程式で表現することになり, もはや手計算では導出できません。

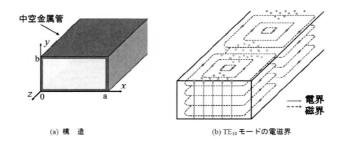

(a) 構　造	(b) TE$_{10}$ モードの電磁界

モード名	モード次数		遮断波長
	n (x 方向)	m (v 方向)	λ_c
TE$_{10}$	1	0	$2a$
TE$_{20}$	2	0	a
TE$_{01}$	0	1	
TE$_{11}$	1	1	0.894 a
TM$_{11}$	1	1	

図 4.23　矩形導波管の電磁場分布とモード

4.4.3　等価回路モデルにおける電圧・電流を用いた一般解

　前述のように，電磁波はマックスウェルの方程式を用いて，伝播モードや電場，磁場分布を求めればよいことになります。しかしながら，これまで示した解は基本的なものばかりで，境界条件が少し複雑になるだけでも解析的に示すのは難しくなります。その典型的な例は円形導波管などで，一見簡単そうであるものの，電場分布がベッセル関数で表現されるため，関数自体を積分などで表現する必要があります。

　また，電磁波について直接電場強度の大きさを測定するのは難しいことがあります。例えば，特定の領域の電場を測定する場合，プローブやアンテナを使わざるを得ず，プローブやアンテナの導体によって測定場所の場が乱れてしまうことがあります。そのため，電場や磁場を直接測定しなくてもその特徴を表すことができる物理量が必要となることが分かります。

　そこで適しているのが，電気回路で扱ってきた抵抗，コンデンサ，コイルで電磁波を表現した等価回路モデルです。波は伝播する際に減衰したり，通過する媒体によっては位相が遅れたり進んだりするので，減衰や位相に関するパラメータがあれば表現できます。そのため，等価回路モデル

127

を使って電磁波を表現できると考えられます。

　等価回路モデルは電場や磁場の大きさにより抵抗値 R や容量 C，インダクタ L の値が変わらない線形性をもつ微小な部品として仮定します。本項では，このモデルを用いて測定できる物理パラメータを抽出することを目指します。

　それでは，信号源から負荷までの電磁波伝播のモデル化について考えます。電磁波のロスを R と G，移送の進みや遅れを L と C で表現すると図 4.24 に示すもので代替できそうです。このモデルについて検証していきます。

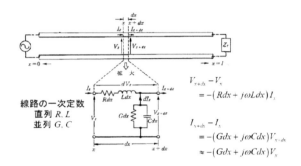

図 4.24　伝送線路の等価回路モデルの適用

　$x = 0$ にある電磁波の発生源から $x = l$ の負荷 (Z_r) に向かう電磁波を平行 2 線で近似します。ここでは直列接続の抵抗とコイル，並列接続のコンダクタンス（抵抗部品ではなくその逆数のコンダクタンス部品）とコンデンサの部品により構成された回路とし，それらの回路や素子は線路上に微小に分布していると仮定します。これを分布定数回路と言います。ここで，直列にある抵抗は電磁波の減衰量，コイルのインダクタンスは電流変化による誘導起電力量，並列接続のコンダクタンスは電流の漏えい量，コンデンサの容量であるキャパシタンスはここではケーブル間の容量を表すものとします。また，電磁波の大きさは直列接続の抵抗と並列にあるコンダクタンスで決まり，位相についてはコイルとキャパシタンスで表現し

ます。

　上記のような回路構成ができると，キルヒホッフの法則を使って微小部分に対する以下のような方程式を立てることができます。

$$V_{x+dx} - V_x = -\left(Rdx + j\omega Ldx\right)I_x \tag{4.187}$$

$$I_{x+dx} - I_x = -\left(Gdx + j\omega Cdx\right)V_{x+dx} \approx -\left(Gdx + j\omega Cdx\right)V_x \tag{4.188}$$

$$\frac{dV_x}{dx} = -\left(Rdx + j\omega Ldx\right)I_x \tag{4.189}$$

$$\frac{dI_x}{dx} = -\left(Gdx + j\omega Cdx\right)V_x \tag{4.190}$$

となります。$V(x)$ と $I(x)$ について解くと

$$\frac{d^2V_x}{dx^2} = \left(R + j\omega L\right)\left(G + j\omega C\right)V_x \tag{4.191}$$

$$V_x = V(x) = Ae^{-\gamma x} + Be^{\gamma x} \tag{4.192}$$

$$I_x = I(x) = \frac{1}{Z_0}\left(Ae^{-\gamma x} - Be^{\gamma x}\right) \tag{4.193}$$

$$\gamma = \sqrt{\left(R + j\omega L\right)\left(G + j\omega C\right)} = \alpha + j\beta \tag{4.194}$$

$$Z_0 = \frac{R + j\omega L}{\gamma} = \sqrt{\frac{R + j\omega L}{G + j\omega C}} \tag{4.195}$$

となります。なお，伝播定数 γ，減衰定数 α，位相定数 β，特性インピーダンス Z_0 です。

　ここで，無損失と低損失の場合の伝播定数について考えます。無損失の場合，減衰定数 $\alpha = 0$ なので，

$$\beta = j\sqrt{LC} \tag{4.196}$$

$$Z_0 = \sqrt{\frac{L}{C}} \tag{4.197}$$

となります。波長 λ は $\beta\lambda = 2\pi$ なので，

$$\lambda = \frac{2\pi}{\beta} = \frac{1}{f\sqrt{LC}} \tag{4.198}$$

となり，f は周波数を表します。また，$\lambda = \frac{V_p}{f}$ と表せるので，位相速度

129

V_p は

$$V_p = \lambda f = \frac{1}{\sqrt{LC}} \tag{4.199}$$

となります。

　ここで，時間項をフェーザ表現 $e^{j\omega t}$ として加えます。

$$V(x,t) = V(x)\,e^{j\omega t} = Ae^{-\alpha x}e^{j(\omega t - \beta x)} + Be^{\alpha x}e^{j(\omega t + \beta x)} \tag{4.200}$$

$$I(x,t) = I(x)\,e^{j\omega t} = \frac{1}{Z_0}\left[Ae^{-\alpha x}e^{j(\omega t - \beta x)} - Be^{\alpha x}e^{j(\omega t + \beta x)}\right] \tag{4.201}$$

A, B はそれぞれ入射波と反射波の電圧振幅（複素数）とします。

　実際の物理量は式 (4.200) および式 (4.201) の実部なので，

$$
\begin{aligned}
V(x,t) &= Re\left[V(x)\,e^{j\omega t}\right] \\
&= |A|\,e^{-\alpha x}\cos(\omega t - \beta x + \phi_a) + |B|\,e^{\alpha x}\cos(\omega t + \beta x + \phi_b)
\end{aligned} \tag{4.202}
$$

$$
\begin{aligned}
I(x,t) &= Re\left[I(x)\,e^{j\omega t}\right] \\
&= \frac{|A|}{Z_0}e^{-\alpha x}\cos(\omega t - \beta x + \phi_a) - \frac{|B|}{Z_0}e^{\alpha x}\cos(\omega t + \beta x + \phi_b)
\end{aligned} \tag{4.203}
$$

となります。A, B はそれぞれ入射波と反射波の電圧振幅（複素数）なので，

$$A = |A|\,e^{j\phi_a},\, B = |B|\,e^{j\phi_b} \tag{4.204}$$

です。

　上記の式から，入射波と反射波は図 4.25 のように描くことができます。入射波は伝播方向に沿って減衰し，反射波は逆に負荷のところ $(\mathrm{x}=1)$ が大きく，信号源に向かって小さくなります。

　また，式 (4.202) と式 (4.203) の入射波の位相部分を取り出して次のように変形します。

$$\omega t - \beta x + \phi_a = \omega(t + \Delta t) - \beta(x + \Delta x) + \phi_a \tag{4.205}$$

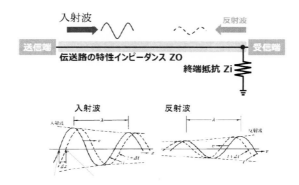

図 4.25　伝送線路モデルと伝送線路における入射波と反射波

なので，式 (4.205) を変形して位相速度 (V_p) は

$$V_p = \frac{\Delta x}{\Delta t} = \frac{\omega}{\beta} = \frac{1}{\sqrt{LC}} \left(\frac{m}{s} \right) \tag{4.206}$$

となり，ここで伝送線路が真空の空間であったと考えた場合，インダクタンスとキャパシタンスはそれぞれ真空の透磁率と誘電率になり，4.2.2 項のマックスウェル方程式で求めた解（式 (4.21)）と同じになります。このモデルを分布定数線路と呼びます。またこの結果から，必要に応じてマックスウェル方程式を使わずに等価回路モデルを使い，電波の振る舞いを考えてもよいということが言えます。これは，道具が増えたと言っても過言ではないでしょう。

4.4.4　終端した分布定数線路の基礎方程式

前項よりさらに具体的に，長さ (l) の線路や線路の端末に負荷 (Z_r) を繋いだ場合の基礎方程式やその解について述べます。

前述の前提から線路長 (x) において信号源の x を 0 とし，負荷のところを l とします。負荷での電圧と電流をそれぞれ V_r, I_r とすると，

$$Z_r = V_r / I_r \tag{4.207}$$

$$V_x = V(l) = Ae^{-\gamma l} + Be^{\gamma l} = V_r \tag{4.208}$$

$$I_x = I(l) = \frac{1}{Z_0} \left(Ae^{-\gamma l} - Be^{\gamma l} \right) = I_r \tag{4.209}$$

131

となり，さらに式変形を進め，係数 A と B を導出します。

$$A = \frac{1}{2} \left(V_r + Z_0 I_r \right) e^{\gamma l} = \frac{I_r}{2} \left(Z_r + Z_0 \right) e^{\gamma l} \tag{4.210}$$

$$B = \frac{1}{2} \left(V_r - Z_0 I_r \right) e^{-\gamma l} = \frac{I_r}{2} \left(Z_r - Z_0 \right) e^{-\gamma l} \tag{4.211}$$

となります。したがって，

$$V \left(x \right) = \frac{I_r}{2} \left[\left(Z_r + Z_0 \right) e^{\gamma (l-x)} + \left(Z_r - Z_0 \right) e^{-\gamma (l-x)} \right] \tag{4.212}$$

$$I \left(x \right) = \frac{I_r}{2Z_0} \left[\left(Z_r + Z_0 \right) e^{\gamma (l-x)} - \left(Z_r - Z_0 \right) e^{-\gamma (l-x)} \right] \tag{4.213}$$

ここで，$\cosh x = \frac{e^x + e^{-x}}{2}, \sinh x = \frac{e^x - e^{-x}}{2}$ を使って上式を変形します。

$$V \left(x \right) = I_r \left[Z_r \cosh \gamma \left(l - x \right) + Z_0 \sinh \gamma \left(l - x \right) \right] \tag{4.214}$$

$$I \left(x \right) = \frac{I_r}{Z_0} \left[Z_r \sinh \gamma \left(l - x \right) + Z_0 \cosh \gamma \left(l - x \right) \right] \tag{4.215}$$

さらに，点 x の電圧と電流の比で決まるインピーダンス $Z(x)$ は次のとおり，

$$Z \left(x \right) = \frac{V \left(x \right)}{I \left(x \right)} = Z_0 \frac{Z_r + Z_0 \tanh \gamma \left(l - x \right)}{Z_0 + Z_r \tanh \gamma \left(l - x \right)} \tag{4.216}$$

となります。上記の式 (4.214)〜(4.216) が基礎方程式となります。

　高周波測定器（ネットワークアナライザなど）を用いたとき測定可能な入力インピーダンス Z_i は，線路長 l の線路を負荷 Z_r で終端した場合に，

$$Z_i = Z \left(0 \right) = Z_0 \frac{Z_r + Z_0 \tanh \gamma l}{Z_0 + Z_r \tanh \gamma l} \tag{4.217}$$

と求められます。

　以上より，入力インピーダンスは線路長と終端する負荷により変わることが示されました。

4.4.5　伝送路の状態と入力インピーダンス

　無損失線路の入力インピーダンス Z_i（この場合，$\alpha = 0$ とすると $\tan h \gamma l$ は $\tan \beta l$ となります）についていくつかのケースを考えるとネットワークアナライザなどの高周波測定の結果を考察する場合役に立つこと

から，次の 5 つのケースついて考察します。

① 整合終端（線路インピーダンスと負荷インピーダンスが同じ）の場合

$Z_r = Z_0$ なので式 (4.217) に代入すると，

$$Z_i = Z_0 \tag{4.218}$$

となります。

② 開放終端（線路の終端が何も接続されていない）の場合

$Z_r = \infty$ として式 (4.217) に代入すると，

$$\begin{aligned} Z_i = Z(0) &= Z_0 \frac{\infty + jZ_0 \tan \beta l}{Z_0 + \infty j \tan \beta l} \\ &= Z_0 \frac{1+0}{0 + j \tan \beta l} = -jZ_0 \cot \beta l = \frac{1}{jB_0} \end{aligned} \tag{4.219}$$

となります。ここで，B_0 はサセプタンスを表します。よって，入力インピーダンスはサセプタンスを用いて表すことができます。なお，$\frac{1}{\infty} = 0$ を用いました。

③ 短絡終端（線路の終端をそのまま接続）の場合

$Z_r = 0$ として式 (4.217) に代入すると，

$$Z_i = Z(0) = Z_0 \frac{0 + jZ_0 \tan \beta l}{Z_0 + 0j \tan \beta l} = jZ_0 \tan \beta l = jX_0 \tag{4.220}$$

となります。ここで，X_0 はリアクタンスを表します。よって，入力インピーダンスはリアクタンスを用いて表すことができます。

④ 線路長が半波長線路の場合

波長 λ は $\beta \lambda = 2\pi$ なので，$l = \frac{\lambda}{2} = \frac{\pi}{\beta}$ を式 (4.217) に代入し，

$$Z_i = Z_0 \frac{Z_r + jZ_0 \tan \pi}{Z_0 + jZ_r \tan \pi} = Z_r \tag{4.221}$$

となるので，入力インピーダンスは負荷と同じになります。

⑤ 線路長が 1/4 波長線路の場合

$l = \frac{\lambda}{4} = \frac{\pi}{2\beta}$ を式 (4.217) に代入し，

$$Z_i = Z_0 \frac{Z_r + jZ_0 \tan \frac{\pi}{2}}{Z_0 + jZ_r \tan \frac{\pi}{2}} = Z_0 \frac{Z_r + jZ_0 \infty}{Z_0 + jZ_r \infty} = \frac{Z_0{}^2}{Z_r} \tag{4.222}$$

133

となります。

①から③は伝送路に接続する負荷インピーダンスによって入力インピーダンスが変わる例について示しました。また，④と⑤は単に線路長を変更し，特定の長さにすると自由に入力インピーダンスを変えられることを示しました。

4.4.6　負荷における反射係数

高周波の場合，電圧と電流の値よりも，入射波と反射波の比率，すなわち，反射係数 Γ のほうが精度よく測定できます。そのため，反射係数 Γ についても考えていきます。

反射係数の定義は $x = 0$ のときの入射波を基準に反射波を比較したものであることから，Γ の定義は下記の式 (4.223) のとおりです。つまり，反射係数は線路長 l と負荷のみで決まることになります。

$$\Gamma = \frac{B e^{j\beta l}}{A e^{-j\beta l}} = \frac{Z_r - Z_0}{Z_0 + Z_r} = |\Gamma| e^{j\phi} \tag{4.223}$$

線路終端の負荷（抵抗）の大きさと反射係数の関係について，5 つのケースを考えます。

① 整合

$Z_\mathrm{r} = Z_0$ の場合，

$$\Gamma = 0 \tag{4.224}$$

② 高抵抗

$Z_\mathrm{r} = 2 \times Z_0$ の場合，

$$\Gamma = \frac{1}{3} = 0.333 \tag{4.225}$$

③ さらに大きな高抵抗（開放端に近づく）

$Z_\mathrm{r} = 100 \times Z_0$ の場合，

$$\Gamma = \frac{99}{101} = 0.98 \tag{4.226}$$

④ 低抵抗（短絡端に近づく）

$Z_\mathrm{r} = Z_0/2$ の場合，

$$\Gamma = \frac{-1}{3} = -0.333 \tag{4.227}$$

⑤ さらに低くなった場合

$Z_r = Z_0/100$ の場合,

$$\Gamma = \frac{-99}{101} = -0.98 \tag{4.228}$$

つまり,①〜⑤より高抵抗の場合は 1,低抵抗の場合は - 1 にそれぞれ漸近することが分かります。

4.4.7 伝送路内の定在波

整合以外の条件では,反射波が一定以上の大きさをもつと入射波と重なるため線路内に定在波が発生します。この定在波の振る舞いを考えるために,反射係数 Γ を使って式 (4.212)〜式 (4.213) の基礎方程式を次のように変形します。

$$V(x) = Ae^{-j\beta x} \left[1 + \Gamma e^{2j\beta(l-x)} \right] \tag{4.229}$$

$$I(x) = \frac{A}{Z_0} e^{-j\beta x} \left[1 - \Gamma e^{2j\beta(l-x)} \right] \tag{4.230}$$

$$A = \frac{I_r}{2} (Z_r + Z_0) e^{j\beta l}, B = \Gamma A e^{-j2\beta l} \tag{4.231}$$

$$|V(x)| = |A| \left| 1 + |\Gamma| e^{2j\beta(l-x)+j\varnothing} \right|$$

$$= |A| \sqrt{1 + |\Gamma|^2 + 2|\Gamma| \cos[2\beta(l-x) + \varnothing]} \tag{4.232}$$

$$|I(x)| = \frac{|A|}{Z_0} \sqrt{1 + |\Gamma|^2 - 2|\Gamma| \cos[2\beta(l-x) + \varnothing]} \tag{4.233}$$

ここで,$2\beta(l-x) + \varnothing = 2m\pi$,つまり,$x = l + \frac{\varnothing}{2\beta} - \frac{m\lambda}{2}$ の点で

$$|V(x)| = V_{\max} = |A| |1 + |\Gamma|| \tag{4.234}$$

となり電圧は最大値をとります。また,

$$|I(x)| = I_{\min} = \frac{|A|}{Z_0} |1 - |\Gamma|| \tag{4.235}$$

となり電流は最小値をとります。

また,$2\beta(l-x) + \varnothing = (2m+1)\pi$,つまり,$x = l + \frac{\varnothing}{2\beta} - \frac{m\lambda}{2} - \frac{\lambda}{4}$ の

135

点でも

$$|V(x)| = V_{\min} = |A| \, |1 - |\Gamma||\tag{4.236}$$

となり電圧は最小値をとります、また,

$$|I(x)| = I_{\min} = \frac{|A|}{Z_0} \, |1 - |\Gamma||\tag{4.237}$$

となり電流は最大値をとります。

　ここで，測定容易な電圧を用いて電圧定在波比，VSWR (Voltage Standing Wave Ratio) を次のように定義できます。

$$\text{VSWR} = \frac{V_{\max}}{V_{\min}} = \frac{1 + |\Gamma|}{1 - |\Gamma|}\tag{4.238}$$

　ここで示したように，定在波は反射係数 Γ の大きさで決まっていることが分かります。反射係数の絶対値が 1（伝送路がオープンやショート）の場合は無限大になります。また，式 (4.232) の cos 中に β があることから，波長，すなわち用いている周波数によって定在波の電圧の大きい，または小さい場所が決まります。このことは，負荷が伝送路になくても、オープンの状態であればある長さでマイクロ波帯ドランジスタの耐電圧を容易に超えることを意味しています。

4.4.8　スミスチャート

　4.4.5 項や 4.4.6 項の伝送路のインピーダンスで述べたとおり，負荷は終端を短絡（ショート）した場合の 0 Ω から開放（オープン）した場合の ∞ Ω など，その値が数桁も変わります。その代わり，トランジスタなどの増幅回路を除いた回路ではマイナスの抵抗値（つまり，増幅）がありません。そのため，直交座標系によりインピーダンスの位置を表現しづらいところがあります。これを分かりやすく表現したのが図 4.26 のスミスチャートです。

　スミスチャートは，インピーダンスのような複素数を表現する場合，数学では縦軸を虚数，横軸を実数とした直交座標系を用います。しかし，電気回路では負の抵抗がない（増幅素子を考えない）ことから，無限大の抵抗値を表現できるようにした座標系となります。単純にインピーダンスの

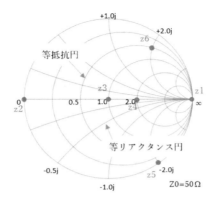

図 4.26　スミスチャート

実部と虚部ではなく，反射係数としたところがミソです。

　インピーダンスからスミスチャートへ変換するには，インピーダンスを特性インピーダンス Z_0 で規格化し，反射係数で表現します。そのためまず，

$$z = \frac{Z}{Z_0} = \frac{R + jX}{Z_0} = r + jx = \frac{1 + \Gamma}{1 - \Gamma} = \frac{1 + \Gamma_r + j\Gamma_i}{1 - \Gamma_r - j\Gamma_i} \quad (4.239)$$

と表します。次に有理化を行い，実部 r と虚部 x に分けると，

$$r = \frac{1 - \Gamma_r^2 - \Gamma_i^2}{1 + \Gamma_r^2 - 2\Gamma_r + \Gamma_i^2} \quad (4.240)$$

$$x = \frac{2\Gamma_i}{1 + \Gamma_r^2 - 2\Gamma_r + \Gamma_i^2} \quad (4.241)$$

となります。ここで，Γ_r と Γ_i を変数として円の方程式に変形すると，

$$\left(\Gamma_r - \frac{r}{1 + r}\right)^2 + \Gamma_i{}^2 = \left(\frac{1}{1 + r}\right)^2 \quad (4.242)$$

となります。よって，$\Gamma_r - \Gamma_i$ 平面で中心座標 $(\frac{r}{1+r}, 0)$，半径 $\frac{1}{1+r}$ の円として図 4.27 のように図示できることが分かります。

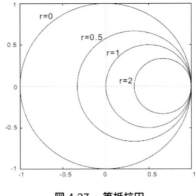

図 4.27　等抵抗円

　同様に，虚部 x についても $\Gamma_r - \Gamma_i$ 平面で円として表現できる形に変形すると，

$$(\Gamma_r - 1)^2 + \left(\Gamma_i - \frac{1}{x}\right)^2 = \frac{1}{x^2} \tag{4.243}$$

となり，$\Gamma_r - \Gamma_i$ 平面で，中心座標 $(1, \frac{1}{x})$，半径 $\frac{1}{x}$ の円として図 4.28 のように図示できます。この実部 r と虚部 x を $\Gamma_r - \Gamma_i$ 平面に変換して同時に表したものが図 4.26 のスミスチャートになります。

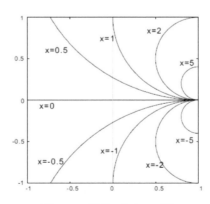

図 4.28　等リアクタンス円

スミスチャートを使う場面は，主にインピーダンスマッチングです。インピーダンスマッチングとは，整合させたい負荷になるべくコイルやコンデンサを足してスミスチャートの中心の点（正規化したときは 1）に合わせることです。この方法については，参考文献 [11] に詳しく記載されています。

4.5 高周波回路で扱うパラメータ

4.5.1 2 端子回路

4.4 節では，電圧と電流を使って定義されるインピーダンスやアドミタンスに加え，4.4.6 項で示したように入射波／反射波である反射係数が定義できることを示しました。また，反射係数を使ってインピーダンスをスミスチャートで表現できることを示しました。さらに考えを進めて，高周波回路を評価する上で，これらを組み合わせたパラメータを決めることができます。本節では，実際によく使われるパラメータの定義について説明します。

回路には信号や電力を与える入力端子と，外部へつながれる出力端子があり，端子のことをポートと呼びます。入力端子や出力端子の数は合わせて 1 つ以上あればよいですが，ここではパラメータを俯瞰するために，入力端子と出力端子がある 2 端子回路を考えます。また，回路の部分をブラックボックス（暗箱）として，個々の内部構成は考えないものとします。そこで，図 4.29 に示される 2 端子回路を考えます。

図 4.29　2 端子回路

　ここでこの 2 端子回路は，「線形かつ重ね合わせの定理が成立する」，「$i_1 = i_1'$ と $i_2 = i_2'$ が成立する」，「内部には独立な電源や発振回路はない」とします。このように考えることで，マイクロ波化学に利用されている装置へも展開することができます。

　以上の条件で，図 4.29 の 2 端子対回路の変数は，i_1, v_1, i_2, v_2 の 4 つとなります。そのうち 2 つを独立変数 x_1, x_2 として残りの 2 つを従属変数 y_1, y_2 とすれば，回路の特性は，

$$y_1 = a_{11}x_1 + a_{12}x_2 \tag{4.244}$$
$$y_2 = a_{21}x_1 + a_{22}x_2 \tag{4.245}$$

となり，2 端子対回路は a_{11}, a_{12}, a_{21}, a_{22} で特徴付けられます。そのため，2 端子対回路の 4 つの変数 i_1, v_1, i_2, v_2 への x_1, x_2 の割り当て方は 6 通りになりますが，よく使われる Z と Y パラメータについて示します。ここで，電流・電圧は正弦波としますので，I_1, V_1, I_2, V_2 と表します。式 (4.244) と式 (4.245) を踏まえて，次項より Z, Y, さらに、S パラメータについて考えます。

4.5.2　Z パラメータ

　まず，Z パラメータについて考えます。I_1 と I_2 を x_1 と x_2 に，V_1 と V_2 を y_1 と y_2 に割り当てると，

$$\dot{V}_1 = \dot{Z}_{11}\dot{I}_1 + \dot{Z}_{12}\dot{I}_2 \tag{4.246}$$
$$\dot{V}_2 = \dot{Z}_{21}\dot{I}_1 + \dot{Z}_{22}\dot{I}_2 \tag{4.247}$$

となり，次の行列で表すことができます。

$$\begin{pmatrix} \dot{V}_1 \\ \dot{V}_2 \end{pmatrix} = \begin{pmatrix} \dot{Z}_{11} & \dot{Z}_{12} \\ \dot{Z}_{21} & \dot{Z}_{22} \end{pmatrix} \begin{pmatrix} \dot{I}_1 \\ \dot{I}_2 \end{pmatrix} \tag{4.248}$$

この係数行列を Z 行列と言い，その要素は Z パラメータと呼ばれます。また，Z パラメータは次のように求めます。

- 出力端開放入力インピーダンス

$$\dot{Z}_{11} = \left.\frac{\dot{V}_1}{\dot{I}_1}\right|_{\dot{I}_2=0} \tag{4.249}$$

- 入力端開放伝達インピーダンス

$$\dot{Z}_{12} = \left.\frac{\dot{V}_1}{\dot{I}_2}\right|_{\dot{I}_1=0} \tag{4.250}$$

- 出力端開放伝達インピーダンス

$$\dot{Z}_{21} = \left.\frac{\dot{V}_2}{\dot{I}_1}\right|_{\dot{I}_2=0} \tag{4.251}$$

- 入力端開放出力インピーダンス

$$\dot{Z}_{22} = \left.\frac{\dot{V}_2}{\dot{I}_2}\right|_{\dot{I}_1=0} \tag{4.252}$$

ここで，図 4.30 に示している T 型 Z パラメータについて，具体的に求めてみます。

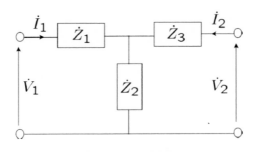

図 4.30　T 型回路

$\dot{I}_2 = 0$ のとき $\dot{I}_1 = \frac{\dot{V}_1}{Z_1+Z_2}$ なので，

$$\dot{Z}_{11} = \left.\frac{\dot{V}_1}{\dot{I}_1}\right|_{\dot{I}_2=0} = Z_1 + Z_2 \tag{4.253}$$

また，$\dot{V}_2 = Z_2\dot{I}_1$ なので，

141

$$\dot{Z}_{21} = \left.\frac{\dot{V}_2}{\dot{I}_1}\right|_{\dot{I}_2=0} = Z_2 \tag{4.254}$$

となります。

次に，$\dot{I}_1 = 0$ のとき $\dot{V}_1 = Z_2\dot{I}_2$ なので，

$$\dot{Z}_{12} = \left.\frac{\dot{V}_1}{\dot{I}_2}\right|_{\dot{I}_1=0} = Z_2 \tag{4.255}$$

また，$\dot{I}_2 = \frac{\dot{V}_2}{Z_2+Z_3}$ なので，

$$\dot{Z}_{22} = \left.\frac{\dot{V}_2}{\dot{I}_2}\right|_{\dot{I}_1=0} = Z_2 + Z_3 \tag{4.256}$$

となります。

以上より，Z パラメータは次のように求められます。

$$\begin{pmatrix} \dot{V}_1 \\ \dot{V}_2 \end{pmatrix} = \begin{pmatrix} \dot{Z}_{11} & \dot{Z}_{12} \\ \dot{Z}_{21} & \dot{Z}_{22} \end{pmatrix} \begin{pmatrix} \dot{I}_1 \\ \dot{I}_2 \end{pmatrix} = \begin{pmatrix} Z_1 + Z_2 & Z_2 \\ Z_2 & Z_2 + Z_3 \end{pmatrix} \begin{pmatrix} \dot{I}_1 \\ \dot{I}_2 \end{pmatrix} \tag{4.257}$$

4.5.3　Y パラメータ

次に，Y パラメータについて考えます。V_1 と V_2 を x_1 と x_2 に，I_1，I_2 を y_1，y_2 に割り当てると，

$$\dot{I}_1 = \dot{Y}_{11}\dot{V}_1 + \dot{Y}_{12}\dot{V}_2 \tag{4.258}$$

$$\dot{I}_2 = \dot{Y}_{21}\dot{V}_1 + \dot{Y}_{22}\dot{V}_2 \tag{4.259}$$

となり，回路特性は次の行列式で表すことができます。

$$\begin{pmatrix} \dot{I}_1 \\ \dot{I}_2 \end{pmatrix} = \begin{pmatrix} \dot{Y}_{11} & \dot{Y}_{12} \\ \dot{Y}_{21} & \dot{Y}_{22} \end{pmatrix} \begin{pmatrix} \dot{V}_1 \\ \dot{V}_2 \end{pmatrix} \tag{4.260}$$

この係数行列を Y 行列と言い，その要素は Y パラメータと呼ばれます。また，Y パラメータは次のように求めます。

- 出力端短絡入力アドミタンス

$$\dot{Y}_{11} = \left.\frac{\dot{I}_1}{\dot{V}_1}\right|_{\dot{V}_2=0} \tag{4.261}$$

- 入力端短絡伝達アドミタンス

$$\dot{Y}_{12} = \left.\frac{\dot{I}_1}{\dot{V}_2}\right|_{V_1=0} \tag{4.262}$$

- 出力端短絡伝達アドミタンス

$$\dot{Y}_{21} = \left.\frac{\dot{I}_2}{\dot{V}_1}\right|_{\dot{V}_2=0} \tag{4.263}$$

- 入力端短絡出力アドミタンス

$$\dot{Y}_{22} = \left.\frac{\dot{I}_2}{\dot{V}_2}\right|_{\dot{V}_1=0} \tag{4.264}$$

　具体的な回路があったほうが分かりやすいと思いますので，これも図 4.31 に示している π 型回路の Y パラメータについて求めます。

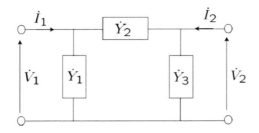

図 4.31　π 型回路

　$\dot{V}_2 = 0$ のとき $\dot{I}_1 = (Y_1 + Y_2)\dot{V}_1$ なので，

$$\dot{Y}_{11} = \left.\frac{\dot{I}_1}{\dot{V}_1}\right|_{\dot{V}_2=0} = Y_1 + Y_2 \tag{4.265}$$

また，$\dot{I}_2 = -Y_2\dot{V}_1$ なので，

$$\dot{Y}_{21} = \left.\frac{\dot{I}_2}{\dot{V}_1}\right|_{\dot{V}_2=0} = -Y_2 \tag{4.266}$$

143

となります。

次に，$\dot{V}_1 = 0$ のとき $\dot{I}_1 = -Y_2\dot{V}_2$ なので，

$$\dot{Y}_{12} = \left.\frac{\dot{I}_1}{\dot{V}_2}\right|_{\dot{V}_1=0} = -Y_2 \tag{4.267}$$

また，$\dot{I}_2 = (Y_2 + Y_3)\dot{V}_3$ なので，

$$\dot{Y}_{22} = \left.\frac{\dot{I}_2}{\dot{V}_2}\right|_{\dot{V}_1=0} = Y_2 + Y_3 \tag{4.268}$$

となります。

以上より，Y パラメータは次のように求められます。

$$\begin{pmatrix} \dot{I}_1 \\ \dot{I}_2 \end{pmatrix} = \begin{pmatrix} \dot{Y}_{11} & \dot{Y}_{12} \\ \dot{Y}_{21} & \dot{Y}_{22} \end{pmatrix} \begin{pmatrix} \dot{V}_1 \\ V_2 \end{pmatrix} = \begin{pmatrix} Y_1+Y_2 & -Y_2 \\ -Y_2 & Y_2+Y_3 \end{pmatrix} \begin{pmatrix} \dot{V}_1 \\ V_2 \end{pmatrix} \tag{4.269}$$

4.5.4　S パラメータ

最後に，S パラメータについて考えます。

4.5.2 項および 4.5.3 項で示したように，回路網中の電圧や電流を決めればZやYパラメータを定義することができました。しかし，マイクロ波帯の電圧や電流を直接測定しようとすると電圧計や電流計では大きさしか測定できず、位相などは測定できません。高周波にて測定したいパラメータは電圧や電流の方向やそれぞれの位相も測定する必要があります。

そこで，直接測定が可能で，入射波・反射波・透過波を扱うパラメータとして，前項を参考にS パラメータの散乱行列を使います。ここで，4.5.1 項でも記したようにマイクロ波の入出力の端子のことをポート（端子）と表現します。散乱行列を定義するために，$V_n{}^+$ はポート n での入射波，また，$V_n{}^-$ はポート n での反射波とすると，2 ポートの場合、散乱行列は以下のように記述できます。

$$\begin{pmatrix} V_1^- \\ V_2^- \end{pmatrix} = \begin{pmatrix} S_{11} & S_{12} \\ S_{21} & S_{22} \end{pmatrix} \begin{pmatrix} V_2^+ \\ V_2^+ \end{pmatrix} \tag{4.270}$$

$$[V^-] = [S][V^+] \tag{4.271}$$

なので，散乱行列の要素は，

$$S_{ij} = \frac{V_i^-}{V_j^+} \tag{4.272}$$

と定義されます。ちなみに，前述の Z や Y パラメータで用いた回路網も 2 ポートです。上記の記述だけだと前述した Z や Y パラメータとの関係性が不明です。そこで，次のように考えます。

図 4.32 に示すとおり，a_1 は入力側から回路網に入る波，b_1 は回路網から入力側に出る波，a_2 は出力側から回路網に入る波，b_2 は回路網から出力側に出る波とします。

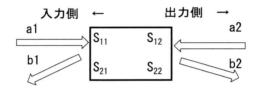

図 4.32　S パラメータと 2 ポート（端子）回路

このとき，入射波に対する反射波の割合，つまり，反射係数 Γ を次のように定義できます。

$$\Gamma = S_{11} = \frac{b_1}{a_1} \tag{4.273}$$

また，入射波に対する透過の割合は次のように定義できます。

$$S_{21} = \frac{b_2}{a_1} \tag{4.274}$$

同様に，出力側から回路網に入る波を a_2，回路網から出力側から出る波を b_2 とすると，出力側から入力側へ透過する割合は，

$$S_{12} = \frac{b_1}{a_2} \tag{4.275}$$

また，出力側から回路網に入り出力側に反射される割合は，

$$\Gamma = S_{22} = \frac{b_2}{a_2} \tag{4.276}$$

145

となります。式 (4.268)〜式 (4.271) より，Z や Y パラメータへの変換などの数学的な記述ができるようになります。さらにマイクロ波工学を専門に学ばれる方は，参考文献に書かれている教科書を中心にさらに学習を続けてください。

4.5.5　共振器と Q 値

　共振状態とはそこにエネルギーが閉じ込められた状態，共振器はそれを実現するためのデバイスです。4.4.7 項にて定在波について述べましたが，定在波が発生しているときに入射側のポートを閉じると，その線路の長さにより共振状態を作りだすことができます。本項では等価回路モデルを使って直列共振回路を説明します。

　図 4.33 に示すのが抵抗 R とインダクタ L とコンデンサ C が直列に接続された直列共振回路です。

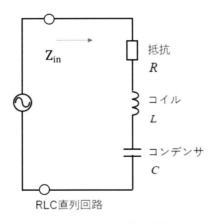

図 4.33　RLC 直列回路

この入力インピーダンスは次のように表せます。

$$Z_{\mathrm{in}} = R + j\omega L - j\frac{1}{\omega C} \tag{4.277}$$

次に，共振器に送られる電力 P_{in} は電圧と電流が虚数を含むので

$$P_{\text{in}} = \frac{1}{2} V I^* = \frac{1}{2} Z_{\text{in}} |I|^2 = \frac{1}{2} Z_{\text{in}} \left| \frac{V}{Z_{\text{in}}} \right|^2$$
$$= \frac{1}{2} |I|^2 \left(R + j\omega L - j\frac{1}{\omega C} \right) \tag{4.278}$$

となります。また，電力損失 P_{loss} は抵抗のみなので，

$$P_{\text{loss}} = \frac{1}{2} |I|^2 R \tag{4.279}$$

となります。ここで，式 (4.278) の 2 項目と 3 項目は虚数なので電力消費がありません。つまり，理想的なインダクタとコンデンサはエネルギーを蓄えることになります。そこで，インダクタに蓄えられる平均エネルギー W_m を

$$W_m = \frac{1}{4} |I|^2 L \tag{4.280}$$

として，コンデンサに蓄得られる平均エネルギー W_e を

$$W_e = \frac{1}{4} |I|^2 \frac{1}{\omega^2 C} = \frac{1}{4} |V_c|^2 C \tag{4.281}$$

とします。ここで，V_c はコンデンサにかかる電場とします。すると式 (4.278) は

$$P_{in} = P_{loss} + 2j\omega (W_m - W_c) \tag{4.282}$$

と表すことができます。さらに，式 (4.277) も次のように変形できます。

$$Z_{\text{in}} = \frac{2P_{\text{in}}}{|I|^2} = \frac{P_{\text{loss}} + 2j\omega (W_m - W_c)}{\frac{|I|^2}{2}} \tag{4.283}$$

共振状態では平均磁場蓄積エネルギー W_m と平均電場蓄積エネルギー W_e は等しいため，$W_m = W_c$ が成立するので

$$Z_{\text{in}} = \frac{2P_{\text{in}}}{|I|^2} = R \tag{4.284}$$

と書けます。また，そのときの角速度 ω_0 を $W_m = W_c$ から求めると

$$\omega_0 = \frac{1}{\sqrt{LC}} \tag{4.285}$$

147

となります。

　ここで，共振回路で重要な指標となる Q 値を定義します。

$$Q = \omega \frac{\text{平均蓄積エネルギー}}{\text{1 周期中のエネルギー損失}}$$
$$= \omega \frac{W_m + W_c}{P_{\text{loss}}} \tag{4.286}$$

式 (4.286) より，共振回路中での損失が小さくなれば Q 値は大きくなることが分かります。また，インダクタや C で損失が発生すると 1 周期中のエネルギー損失が増えるので，Q 値は小さくなります。通常，共振状態での Q 値を議論するので，直列共振回路の Q 値は式 (4.286) を使って，

$$Q = \omega \frac{W_m + W_c}{P_{\text{loss}}} = \omega_0 \frac{2W_m}{P_{\text{loss}}} = \omega_0 \frac{L}{R} = \omega_0 \frac{2W_e}{P_{\text{loss}}} = \frac{1}{\omega_0 RC} \tag{4.287}$$

となります。

　ここまで，等価回路での共振について説明しました。では，空洞共振器を用いたとき図 4.33 中のコイル（インダクタ）やコンデンサに相当するのはどこかということですが，4.4.7 項で述べた定在波の電圧と電流は伝送線路上で山が分かれる状態になります。つまり，3 次元の空洞共振器は電場と磁場の存在する部分が分かれることになります。これでポインティングベクトルもゼロになり，空間にエネルギーが蓄えられる状態になります。

参考文献

[1] 「QuickWave」，QWED 社 (2023).
https://www.qwed.com.pl/（2023.10.13 参照）

[2] 「COMSOL Multiphysics」，COMSOL 社 (2023).
https://www.comsol.jp/comsol-multiphysics（2023.10.13 参照）

[3] 「Ansys HFSS」，Ansys 社 (2023).
https://www.ansys.com/ja-jp/products/electronics/ansys-hfss（2023.10.13 参照）

[4] 総務省 電波利用ホームページ，「周波数帯ごとの主な用途と電波の特徴」，総務省 (2023).
https://www.tele.soumu.go.jp/j/adm/freq/search/myuse/summary/（2023.10.13 参照）

[5] 「電波の特徴」，NTT ドコモ
https://www.docomo.ne.jp/area/feature/?icid=CRP_AREA_connect_to_CRP_AREA_feature&dynaviid=case0001.dynavi（2023.10.13 参照）

[6] 総務省 電波利用ホームページ，「我が国の電波の使用状況」，総務省 (2023).
https://www.tele.soumu.go.jp/resource/search/myuse/usecondition/wagakuni.pdf（2023.10.13 参照）

[7] 「総務省の電波の有効利用に向けた取り組みについて」，総務省，2021 年 11 月 19 日.
https://www8.cao.go.jp/kisei-kaikaku/kisei/meeting/wg/econrev/211119/211119keizaikasseika_01.pdf（2023.10.13 参照）

[8] 「大地震のあと、余震はどうなるか」p.5，科学技術庁 (1999).

[9] David M. Pozar: Microwave Engineering, 2nd Ed., Wiley (1998).

[10] 平田仁：『マイクロ波工学の基礎』，オーム社 (2022).

[11] 鈴木茂夫：『わかりやすい高周波技術実務入門』，日刊工業新聞社 (2006).

第**5**章

マイクロ波化学における
シミュレーション

5.1　シミュレーションの目的

5.1.1　電磁波シミュレーションの目的

　4.1.1 項でも述べたように，近年は PC の性能が飛躍的に向上し，誰も
が簡単に，マルチフィジックスシミュレータを用い，さまざまな現象をシ
ミュレーションできる環境になっています。現在商用販売されているソ
フトウェアは，時間領域差分法 (FTDT) を用いた QuickWave-3D や，有
限要素法を用いた COMSOL Multiphysics や Ansys などが知られていま
す。そこで本書では，いくつかの具体例を示しながらマイクロ波化学のシ
ミュレーションについて紹介します。

　もともと，電磁波シミュレーションは通信機器やレーダにおける高周波
回路や電子部品，高周波機器の設計手段として発展してきました。シミュ
レーションの目的は電子部品やそれらを搭載する機器の内外での電磁波を
制御する方法を検証することです。例えば，マイクロ波を通信用途で使用
する場合はできるだけマイクロ波を損失なく伝播させることが注目されま
す。そのため電子部品では部品や機器の製造や機械精度が高く，使用され
る材料は可能なかぎり損失がなく線形となるものを用いることが前提に
なっています。線形モデルで電子部品やその回路周りをモデル化すること
により，前章で示した線形代数，行列をはじめとする数学モデルを電子部
品の設計に適用できます。これにより電子部品の複雑な現象や信号を数学
モデルで表現することが可能となります。

　一方，マイクロ波化学では電磁波のエネルギーを化学反応に使うことが
目的なので，通信とは違うことが分かります。

5.1.2　マイクロ波化学のシミュレーションの目的

　マイクロ波化学ではそもそも化学反応を扱いますので，化学反応で用い
られる材料は損失が多いこと（例えば，電場が高いと放電してしまうこと
など）から非線形モデルや物理モデル（微分方程式）が立てられない，も
しくは解が得られないことがあります。この欠点はあるものの，4.4.2 項
で述べたように矩形導波管の伝送モードや共振器については手計算で何と

か導出できます。しかし，円筒空洞共振器やその中に試料が置かれている場合の電磁波分布はシミュレーションを使わないと求められません。

そこで，マイクロ波化学のシミュレーションを実施する目的は，大きく2つあると筆者は考えています。1つ目は，電磁波・伝熱・化学反応において検証されている物理（数値）モデルを使いシミュレーションを行った結果をマイクロ波加熱の実験結果と比較検証することです。マイクロ波化学の分野では，マイクロ波を化学反応のためのエネルギーとして使います。そのため，化学反応をさせる材料や，その材料を含むマイクロ波を扱う実験装置において狙った電磁場が形成できるかという確認にシミュレーションが用いられます。2つ目は，マイクロ波効果発現の有無の検証に使うことです。現状明らかになっている数値モデルからマイクロ波加熱による加熱温度やその温度分布が計算でき，さらに，反応温度から反応速度が計算できます。これらの計算結果と実験で得られた結果を比較することで，マイクロ波による化学反応は熱によるものなのか，効率がよいのか，ということを検証することができます。

繰り返しになりますが，マイクロ波工学は前章で述べたように数学のモデルがあり，マイクロ波工学とマイクロ波化学では共にマイクロ波エネルギーについて扱います。マイクロ波化学で議論する中心はマイクロ波エネルギーが化学反応前後で損失するメカニズムです。化学反応前の段階はマイクロ波工学の領域です。そのため反応による吸熱や発熱以外の，マイクロ波エネルギーが熱に変換するところはマイクロ波工学と伝熱工学で説明できることになります。その一方，マイクロ波工学では電磁場が物質により損失した場合の電磁波の式を使って表現する，つまり，モデル化に重点が当てられます。この伝熱モデルは熱の流れや放射率などで近似した，第一次近似として計算を行うものです。従来，このような数値計算は理論家と呼ばれる研究者らがモデルや計算手法を吟味し，独自に作ったプログラムで計算されていました。

しかし近年，市販されているシミュレータを用いることで，数値モデルの詳細を考えることなく，計算ができる状態になっています。例えば，電卓にはブール代数が使われていますが，ブール代数を知らなくても誰でも電卓を使うことができます。また，パソコンを使う際にCPUが直接理解

153

できる機械語やそのアーキテクチャの詳細を知らなくても，ワープロソフトや表計算ソフトを使うことができます。マイクロ波化学においても同様に，アプリなどのシミュレータを用いることで簡単にシミュレーションすることが可能です。

　一方，マイクロ波照射系，つまり実験装置のハードウェアについては，移動体無線技術の劇的な進展により，マイクロ波源はマグネトロンから発振器とマイクロ波パワーアンプに置き換わろうとしており，その周波数精度やパワー測定精度は，少なくとも数％，高価な装置では数十 ppm 以下の誤差で測定することが可能になっています。また，金属機械加工精度も向上し，マイクロ波帯の波長 (120 mm) に対して，誤差 0.4 ％程度まで向上しています。電子部品では，半導体技術の進展でサブミクロンオーダの加工も容易にできる状況です。

　このように近年は周辺技術が進展し，まさにちょうど，マイクロ波化学の研究者が提唱しているマイクロ波化学の特殊効果や新しい物理現象を解明するタイミングと考えています。COMSOL Multiphysics を用いた電磁場の計算については，平野先生の著書『有限要素法による電磁界シミュレーション』[1] を参考にしてください。本章では，第 1 章から第 3 章のマイクロ波化学と第 4 章で学んだマイクロ波工学を結びつけた上で，COMSOL Multiphysics を用いたシミュレーションについて説明します。

5.2　固有値計算

5.2.1　小規模なマイクロ波化学研究

　大学や高専などの学校で研究するマイクロ波化学は小規模であることから，金属の箱の中に閉じ込めた電磁波を利用することが多いです。この実験装置である金属の箱を区別する用語として，マルチモードやシングルモードアプリケータという言葉が使われます。モードとは固有値のことを指します。また，アプリケータとはマイクロ波が照射されるもので，キャビティ，つまり，箱とも呼ばれます。このような実験装置を想定し，本章では電磁波や超音波なども波動方程式としてモデル化し，その方程式を用

いて境界条件から固有値を導出します。

　例えば，棒や紐を手で持ち振動を与えると腹や節ができます。この場合2個以上の節を作ることは少し難しいですが，2個以上の節を作る場合でも，腹や節の数は計算により求めることができます。第4章で伝送線路のモードについて示したとおり，伝播方向以外の境界条件が決まると微分方程式から解を導出できます。導出された解の整数の値が決まるとその腹（もしくは節）の数が決まり，電磁波の形が決まります。すでに導波管などは研究されているため，電磁場分布の形は慣習的に呼び方が決まっています。具体的には図4.23の表に示したとおり，モード次数の2つ整数をサブスクリプトとして TE_{10} のように表します。さらに，共振器になると伝播電磁波が反射して定在波を形成し，伝播方向に腹（もしくは節）ができるのでサブスクリプトは3つになります。

　本項の最初に記したように，マイクロ波化学ではシングルモードやマルチモードがよく使われますが，シングルモードは節の数が最小，マルチモードは箱の中に沢山の節があるという状態を指します。なお，この表現は定在波の形を言っているにすぎず，本来マルチモードとシングルモードは高次モードや低次モードのことを指し，誤解を招くことが多いので著者は使わないほうがよいと考えております。

5.2.2　マイクロ波化学における固有値計算

　マイクロ波化学の研究では，物質とマイクロ波（電磁波）の相互作用について考えます。そのため，まずはどのような電磁波を形成し，反応系に照射するのかを考えます。

　電場による化学反応が加速することなどを考えた場合，化学反応をさせたい場所に電場があるのか，その広がりや強度はどの程度なのかを知っておく必要があります。なぜなら，何もない状態の金属箱とその金属箱の中に大きい誘電率や導電性をもつ材料が入った状態では，電場が異なるためです。電磁波はセルフコンシステント（自己無撞着）で形成されますので，4.4.2項の導波管の電磁波を導出した手順で材料を入れた状態を計算する必要があります。しかし，単純な境界条件であるにも関わらずその計算は煩雑でした。さらに材料を入れた計算を手計算で行うのは困難です。

そこで，金属箱内に特定の材料定数をもつ材料がある状態の固有値計算に対してシミュレーションが有効な計算手段であることが分かります。

次に，特に反応させたい物質が誘電体なのか，導体なのか，磁性体なのかという材料特性を知る必要があります。

マイクロ波工学では，というより自然界では，物理量のダイナミックレンジが広いです。例えば，金属である金の場合，導電率は 4×10^7 S/m ですが，水は超純水では約 5 µS/m，イオン濃度によっては 20 mS/m と，桁が 5 桁以上も容易に変動します。また，海水ではその導電性からマイクロ波が反射することが知られています。定性的な感覚で電磁波を考えてしまうと不正確なものとならざるを得ません。また，本書では磁性材料を扱いませんので，複素透磁率は 1 とします。

このように物質によって導電率は異なりますが，反応系の物性値によってどのようにキャビティ内の電磁場分布が変わるのかを固有値計算により知ることができます。そこで，よく使われるキャビティ，共振器 (TE103) モードを例に紹介します。

5.2.3　固有値計算の具体例 – 完全導体 (PEC) の場合 –

COMSOL Multiphysics のソフトを使い，コンポーネントにあるジオメトリにおいてブロックを作ります。詳細な操作手順については付録 A.8 に記載しておきます。

マイクロ波化学の実験でよく使われる TE103 の導波管共振器（ここまで金属箱やアプリケータと呼んでいたもの）の固有値計算を行います。TE103 は通常，大きさが 109 mm×55 mm×222 mm と決まっています。ブロックのサイズとしてこの数値を指定すると，図 5.1 に示すようなモデルが作成されます。なお，フィジックスは電磁波（周波数領域）を設定します。また，この計算ではマックスウェル方程式について電場のみ書き換えたものを用いて電場分布を求めます。

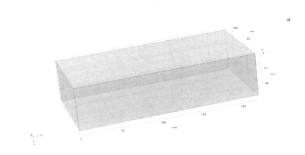

図 5.1　共振器のジオメトリ形成

　次に，共振器の材料を空気に，その面を電気壁 (PEC) に設定します。メッシュの大きさはデフォルトにし，スタディとして固有値計算を選びます。計算が終了すると自動的に電場分布の結果が表示されます。マイクロ波化学に用いられるマイクロ波の周波数は ISM 帯の 2.45 GHz です。そのため，ここで知りたいのは 2.45 GHz 付近の解となり，2.45 GHz 付近の固有周波数を選ぶと図 5.2 の結果が表示されます。

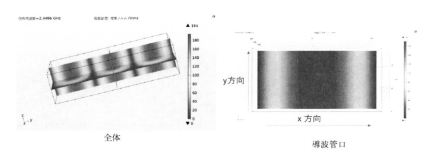

図 5.2　固有値計算で得られた導波管の電場分布

　この結果を，図 4.23 と比較しながら確認します。導波管は電磁波の伝播を伝えるものなので腹と節は x-y 平面のみにできます。図 5.2 の左図から，伝播方向 Z に 3 つの山が形成できていることが分かります。また，図 4.23 と図 5.2 の右図と比較すると幅 (X) 方向に山が 1 つ，高さ (Y) 方向には山がゼロということが分かります。この山の数から，TE103 モー

157

ドと呼ばれています。

　次に，磁場分布についても確認します。COMSOL の結果表示のところの 3D プロットにおける複数断面の式を emw.normE から emw.normH とすることで，磁場分布が図 5.3 のように表示されます。

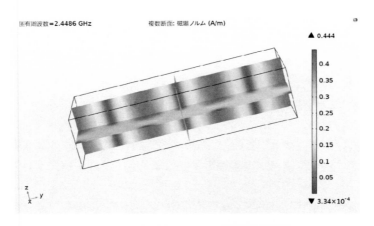

図 5.3　固有値計算で得られた導波管の磁場分布

　図 5.2 と図 5.3 より，電場の強度のピークと磁場強度のピークの位置がずれていることや，角柱底面の壁にちょうど半分の磁場分布があり，底面 2 つを合わせて 1 つの磁場分布と見なすことで計 3 つの磁場分布があることが分かります。

　伝送線路ではエネルギーを伝えることから電場と磁場の空間における位相は同じだったのに対し，今回の計算では上述のように電場と磁場の強度ピークが分かれてしまいました。これが共振器の特徴です。マイクロ波が箱の中に閉じ込められると定在波となり，電場と磁場の位相が分かれることで共振器内にエネルギーを閉じ込めることを示しています。

　これは，計算値として 4.5.5 項で述べた Q 値を導出するとさらによく分かります。固有値の結果として固有周波数と Q 値を表にすると，値は Inf，つまり，Q 値は無限大となっていることが確認できます。詳細は付録 A.8 を参照してください。

5.2.4 固有値計算の具体例 – 非完全導体の場合 –

5.2.3 項では，境界条件を完全導体 (PEC) に設定したことから，分母がゼロになり，Q 値が無限大となりました。そこで，本項では壁面（境界条件）を PEC からアルミニウム材料の導電率に変更して図 5.4 のように薄い板（20 mm×10 mm×3 mm，Y 方向に垂直）を電場中心にセットした場合や，板を水とした場合について計算を行い，電磁場分布の振る舞いについて確認します。

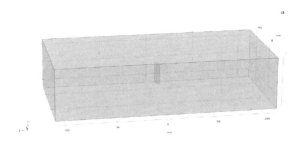

図 5.4　導波管内に試料を設置したジオメトリ

詳細な操作方法は前項と同様に付録 A.8 に示します。設定の流れとしては，まずジオメトリでブロックを作成し，材料としてアルミ金属 (3.77×10^7 S/m) や水をライブラリから追加します。

初めに，電場中心にセットした板をアルミ金属として計算します。また，共振器の境界も PEC からアルミ金属に変更します。5.2.3 項の結果に比べ，固有値計算の結果が多く表示されます（図 5.5)。この場合，元の周波数である 2.45 GHz から 2.4118 GHz へと共振周波数は小さくなり，また，Q 値も無限大から 7.3 と小さくなっていることが分かります。

電場分布は図 5.6 に示され，電場強度はアルミ板のエッジに集中していることが分かります。4.5.5 項で述べたとおり，Q 値の定義は，「$Q = \omega \times$（平均蓄積エネルギー蓄積/1 周期注のエネルギー損失）」であることと，境界を PEC からアルミ金属に変更したことから，マイクロ波エネルギーはアルミ板で損失していることが分かります。

159

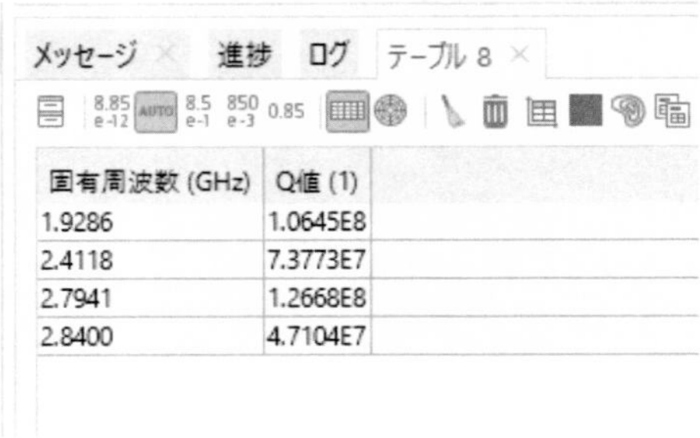

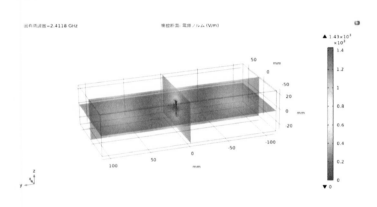

固有周波数 (GHz)	Q値 (1)
1.9286	1.0645E8
2.4118	7.3773E7
2.7941	1.2668E8
2.8400	4.7104E7

図 5.5　境界および中心に配置した板をアルミ金属とした場合の固有周波数
と Q 値

図 5.6　導波管内にアルミ板を設置した場合の電場分布

　この簡単な固有値計算から，マイクロ波化学で論じられている交番電場
中に物質が置かれたとき，その物質も電場や磁場の形成に寄与していると
いうことがよく分かります。また，電場強度が強い場所は図 5.2 で示され
た空洞共振器の場合と異なることが分かります。

　次に，電場中心にセットするものを金属板から複素誘電率 76.7-j23.01
の水の板とした場合について同様に固有値計算をします。

　図 5.7 のとおり，固有周波数は 2.417 GHz となり，Q 値は 653 となり
ます。この値は何もない状態に比べて小さく，アルミ板を設置した場合よ
りも大きい値となりました。また，図 5.8 に示すとおり，電場部分布はア

固有周波数 (GHz)	Q値 (1)
1.9273+2.5538E-5i	37734
2.4170+0.0018513i	652.78
2.7932+7.9216E-4i	1763.0
2.8258+0.0072094i	195.98
3.0303+2.0696E-4i	7320.9

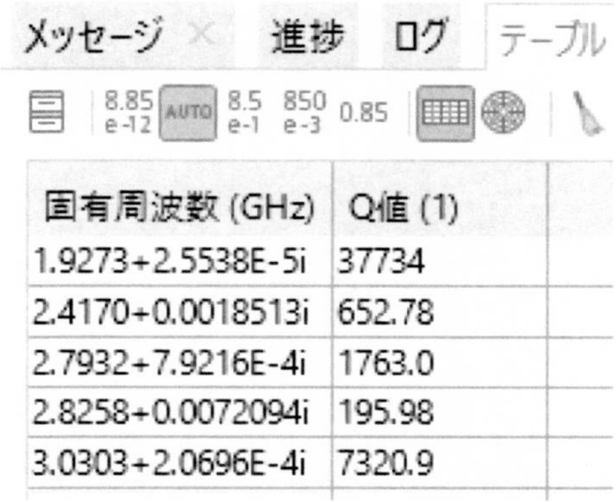

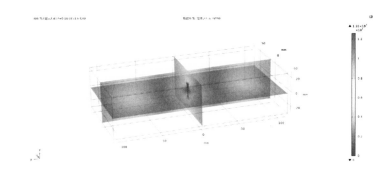

図 5.7　水の板を設置した場合の固有周波数と Q 値

図 5.8　導波管内に水の板を設置した場合の電場分布

ルミ板を設置した場合と変わらないように見えます。

このように，共振器中の被マイクロ波照射物の導電率や誘電率が変わると固有周波数や共振周波数も変わることが分かります。また，場の形成はアプリケータのみでは決まらず，計算したい範囲にある物質の状態も含めて電磁場が形成される，つまり，セルフコンシステントにより場が形成されることが理解できます。同時に，セルフコンシステントは，物理学の基本的な概念であることが分かります。

なお，固有値計算は誘電率を求めることにも使えます。現実の値と比較

する場合に難しいのは，誘電率の精度と誘電損失の 2 つです。誘電率は共振周波数から求められますが，共振器や試料の機械加工誤差は精密加工の中程度では 100 mm に対して 0.5 mm 程度であるため、マイクロ波帯の波長では 0.5 % 程度以上の誤差が出てしまいます。また，誘電損失は共振器自体の損失や共振器へのマイクロ波の導入方法（カップリング）によって変わります。シミュレーションはこれらの問題点を考えるきっかけになります。

5.3　ドリブンモードでの計算

5.3.1　電磁波の照射系

　マイクロ波化学では，電磁場エネルギーがどのように化学反応に寄与し，反応促進が生じているのかを学術的に説明することが求められます。化学反応では，よく知られているようにアレニウス則があり，温度が反応速度を決めるパラメータとなっています。そのため前述した固有値計算では不十分であり，やはりシミュレーションをすることでマイクロ波照射による材料の発熱，さらには温度やその分布を求める必要があります。

　電磁波の照射系としては大きく 2 つあり，1 つは電磁波を金属ケースの中に閉じ込めて使うもの，もう 1 つは電磁波を大きな空間で使うものです。その違いは，前者では反射波により定在波が形成され，後者では定在波が形成されないということです。後者はアンテナ設計と同じです。

　ここでは，前者のケースとして図 5.9 に示す一般的に使われているシングルモード実験装置を例に考えます。前節の場合，固有値計算であったことからマイクロ波の導入については考えませんでした。図 5.9 のブロック図で説明すると，(1) はマイクロ波源としてマグネトロンを用い，試料が置かれた導波管共振器のアプリケータを使っています。その他，プランジャーやスタブチューナ，パワーモニタがあります。さらに，反射波が大きい場合に備え，アイソレータ（サーキュレータとターミネータ）で構成されています。(2) は (1) のマグネトロンを半導体発振器に置き換えたものです。(3) は半導体発振器で構成されており，整合器として同軸のスタ

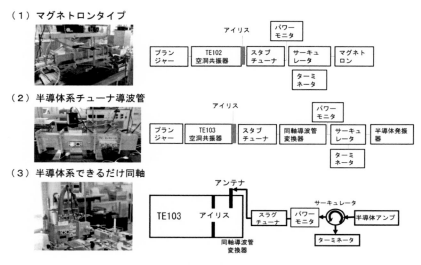

図 5.9 マイクロ波化学で用いられる小型実験装置

ブチューナやパワーモニタやアイソレータで構成されています。(1)～(3)において，どの機器をシミュレーションに入れるのかは悩ましい状況ですが，まずそれぞれの役割について考えます。

　マイクロ波源はマイクロ波を発生させるもので，プランジャーは共振器の大きさを変え，共振周波数を調整する役割があります。スタブチューナの役割は反射波を小さくすることで，電源側から見たときのインピーダンスは電源側のインピーダンスと同じ $50\,\Omega$，負荷側から見たインピーダンスは負荷側と複素共役インピーダンスをもたせることになっています。パワーモニタは入射波（負荷方向）と反射波の大きさを測定するものです。アイソレータ（サーキュレータとターミネータ）はマイクロ波源から発生した波を負荷側方向のみに通し，負荷側からの波（反射波）をアイソレータ内部にあるターミネータで消費させマイクロ波発生源側には伝達させないものです。

　これ以外に，マイクロ波発生源としてマグネトロンを用いた場合はアンテナでマイクロ波が導波管に放出されるため，導波管のサーキュレータやターミネータやスラグチューナに加え，共振器にマイクロ波を導入するた

めにアイリスが使用されます。アイリスの役割は定在波を共振器内で発生させることです。これらの構成部品をどの程度シミュレーションに組み込むのかがポイントになります。

時間をかければすべてモデル化することも不可能ではないですが，スタブチューナなどの構造を入れてしまうと部品を CAD で PC に取り込む時間やその計算結果の検証にも時間がかかります。するとシミュレーションの目的がこれらマイクロ波構成部品の研究になってしまいます。そのため，モデル化はマイクロ波化学の実験検証において必要最小限にしたいところです。

そこでチューナ部分に着目し，マイクロ波電力を投入しているポートから複素共役としてチューナを与えるのがよさそうです。実際の実験ではチューナがマイクロ波電力で温まることがあり，シミュレーションではこのチューナでの損失は計算できないデメリットがありますが，近似解として求めていきます。

5.3.2　シミュレーション事例 (1)

電場や磁場をうまく使った例として，TE103 共振器を使って試料であるポリイミド基板上に銀ナノ薄膜を塗布して焼成した事例があります。この事例で用いた共振器についてシミュレーションで解説します。

図 5.10 に示すのは実際に用いた実験装置の全体図です。図 5.10 の点線で囲った部分，すなわち TE103 共振器を COMSOL 上でモデル構築したものを図 5.11 に示します。図 5.11 にはアンテナや同軸導波管変換器が含まれ，TE103 共振器の中心に試料が置かれていることが分かります。こ

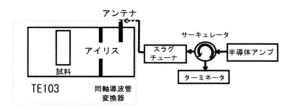

図 5.10　実際に用いた実験装置の全体図

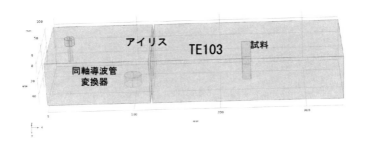

図 5.11　図 5.10 の TE103 共振器を COMSOL Multiphysics でモデル化したもの

こでも COMSOL 上の操作方法については付録 A.9 に示します。まずは，固有値計算をします。

　2.45 GHz に近い固有周波数を選んだときの電場分布の結果を図 5.12 に示します。そのときの周波数は 2.441 GHz となり，電場強度が大きいところ，すなわち山は幅方向に 1 つあり，Y 方向は山がなく（図 5.12 には x-y 面は表示していません），伝播方向に 3 つ確認できることから，TE103 モードであることが分かります。

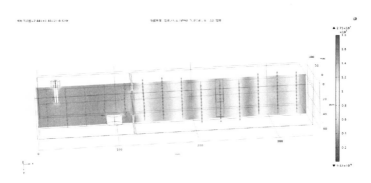

図 5.12　固有値計算の結果

　次に，ドリブンモードで電場分布の計算をします。ドリブンモードとはマイクロ波の導入口，例えばアンテナなどにマイクロ波を励振させて計算するものです。本項の例では，2.43〜2.45 GHz の周波数のマイクロ波電力をアンテナポートから投入する計算をします。この計算では指定した周波数区間を例えば 20 や 100 などに分割し，その分割した周波数毎に計算しています。そこで，2.4416 GHz の電場分布は図 5.13 になります。

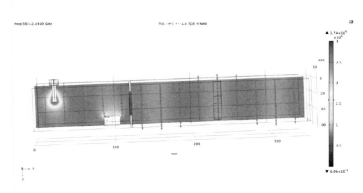

図 5.13　ドリブンモードでの電場分布計算

　固有値計算は境界条件を与えてどのような定在波や波が励振されるのかを計算するものなので，その結果は相対的なものになります。とは言え今回の結果では，図 5.13 に示すように TE103 共振器部分の電場強度が固有値計算のときに比べ小さい印象を受けます。また，COMSOL Multiphysics では S パラメータの計算もしているので S_{11} の大きさを出力すると，図 5.14 のようになります。2.441 GHz 付近、図中の底の部分では −0.89 dB しかなく，投入した電力はほとんど反射されていることが分かります。

　そこで，インピーダンスマッチングする必要があります。Z インピーダンスは S_{11} から変換すればよいだけで，COMSOL ソフトウェアやベクトルネットワークアナライザではこの変換を自動で行うことができます。

　COMSOL のインピーダンス表示を使って，インピーダンスを出力します。なお，このときのピーク周波数（固有周波数）のインピーダンス

このときのポートインピーダンスは9.44-84.05 j

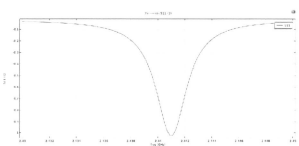

図 5.14　S_{11} の大きさの計算結果

は 9.44-84.05 j となっています。そこで，集中ポートを 50 Ω から複素共役である 9.44+84j に変更することでインピーダンスマッチングすることができます。しかし，複素数特性インピーダンスをポートに与えると，COMSOL では S パラメータを正しく計算することができないと警告が出ます。S パラメータの計算結果を得たいときは，ポートを 50 Ω とすればベクトルネットワークアナライザにより測定した結果と比較することができます。この操作により現実のスタブやスラグチューナの機能を計算で代替することができます。ここでは，整合器と同じくあくまでもマイクロ波電力を共振器内に投入するという目的で行っています。

　インピーダンスマッチングを行いポートからマイクロ波を投入した，つまり，ドリブンモードにより計算した電場分布の結果は図 5.15 のようになり，固有値計算で得られたのと同じ電場分布が得られます。

　このように，複雑なチューナ部分までモデル化することなく，妥当な計算結果を得ることができました。5.3.1 項で述べたように，現実の実験ではマイクロ波照射中にチューナ部分が温まっている場合があり，シミュレーションで行ったインピーダンスマッチングに比べ効率が悪いことが分かります。さらに，固有値計算では多くのモードが結果として得られるものの，実際はマイクロ波を導入してもすべてのモードが実現するわけではありません。これはインピーダンスマッチングやマイクロ波を導入する位置などが影響するためで，二人で紐を持って回したときに山を 2 つ以上作

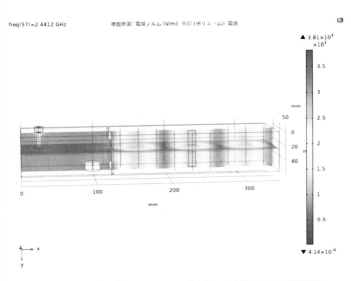

図 5.15　インピーダンスマッチングを行った電場分布の計算結果

るのが難しいことと同じ理由です。

5.4　パラメトリックスイープ

5.4.1　各機器の設定値

　前節ではマイクロ波化学で使われているマイクロ波照射系装置について
モデリングと計算を行いました。ここで，アイリスの大きさはどれくらい
に設定すればよいのか，同軸導波管変換の変換効率はどれくらいなのか，
など疑問になってくると思います。アイリスについては参考文献 [2] の
4.8 節に導波管のアパーチャーカップリングとして解析的に導出されてい
ますので，そちらを参照してください。同軸導波管変換器はモード変換な
ので，COMSOL を使って計算するのがよいと思います。なお，モード変
換を行う場合は共振器と直接カップリングを行ったほうがよいと考えてい
ますので、本項のパラメトリックスイープの方法を参考にしてください。

　本書ではもう一度，アイリスの役割について考えます。アイリスは TE103 の空洞共振内にマイクロ波を閉じ込めるためのものです。その原理は壁に小さな穴を開けるとその反対側の壁にダイポールができ，カップリングするというものです。また，同軸導波管変換も同様に，アンテナのダイポールを利用し，TEM モードから TE モードに変換しています。

　このことから，アイリスの役割が小さい穴を使ってダイポール形成させてカップリングすることであれば，アンテナを共振器に入れ，いきなり同軸導波管変換と TE103 モードを励振させることができると考えられます。つまり，アイリスは不要ではないかと考え，アンテナを使って直接共振器とカップリングする方法を考えました。この場合，マイクロ波照射系の構成部品も減り，余計なところでのロスもなくなります。

　例えばモノポールアンテナの磁場ベクトルはアンテナに垂直なので，TE モードだと幅広部分，前述の同軸・導波管変換と同じ方向にアンテナを設置すればよいことになります。なお，同軸ケーブルの特性インピーダンスは 50 Ω です。特性インピーダンスは式 (4.15) で示されているとおり、電場と磁場の比率を表しています。ここで用いた TE103 モード共振器には電場と磁場が形成されます。山（最大値）は重なる部分がないのですが，裾野は重なる部分があります。そこで，磁場のピーク，つまり，インピーダンスゼロから少し離れたところに 50 Ω があるのではないかと考えました [3]。

　ここで，COMSOL Multiphysics に備えられている素晴らしい機能の一つであるパラメトリックスイープを使用します。パラメトリックスイープとは，材料物性値や構造体の一部を少しずつ変更しながら計算するというものです。ここではパラメトリックスイープを用いてアンテナの位置を少しずつ動かしながら S パラメータを計算します。つまり，S パラメータを評価指標としてアンテナの最適な位置を求めることができます。

　この考え方は，電圧と電流の比が 50 Ω になるところを給電点とするパッチアンテナの設計手法と同じです。共振器の次元は 3 次元と違いはあるものの，考え方は同じです [4]。

169

5.4.2　パラメトリックスイープの作成と利用

　それでは，実際に COMSOL Multiphysics で共振器のポートを 50 Ω にするために，共振器とアンテナの位置関係によるポートのインピーダンスを計算してみましょう。COMSOL Multiphysics の操作方法は付録 A.10 に示します。本項では操作の流れを説明します。

　図 5.16 に示すとおり，共振器は TE103 モードのものを用います。また，マイクロ波化学なので加熱する複素誘電率 4-0.15 j の値をもつ誘電体を共振器の中心に置き，テフロンで覆われた λ/4 モノポールアンテナを使って共振器とカップリングさせます。なお，アンテナの深さについては事前に計算しており，ここでは図 5.17 (a) に示すとおり 7.8 mm 程度を共振器の外に残し，残りの 22.5 mm を共振器の中に入れたものを使います。なお，アンテナの位置は共振器幅の中心に設定し，アンテナは図 5.17 (b) に示す Z = 71.75〜72.15 mm の範囲で移動させるものとします。

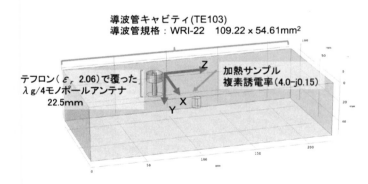

図 5.16　アンテナと共振器のカップリング

　共振器端から 70 mm 程度離れたところから 0.1 mm ずつ動かし，その都度，S パラメータの計算を行います。図 5.18 にそれぞれの位置での S パラメータの大きさ（計算結果）を示します。また，スミスチャートを確認すると 1 を通過しているところがあることが分かります。これらの結果より，共振器端から 72.05 mm の位置でマッチングがとれることが分かりま

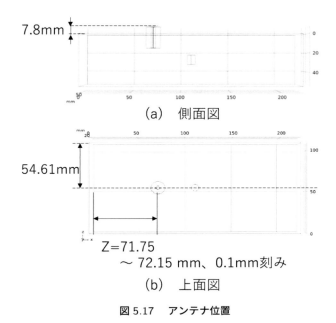

(a) 側面図

(b) 上面図

図 5.17 アンテナ位置

した。また，このときの共振周波数が 2.45 GHz ではなく 2.446 GHz な
のは，誘電体試料を共振器内に入れているためです。

　このようにパラメトリックスイープを使ってマイクロ波を効率的に共振
器に投入することができ，理論上はスラグやスタブチューナを用いなくて
も特性インピーダンスの 50 Ω に近づけることが可能となります。しか
し，実際には共振器の機械精度や試料の特性などの影響により整合条件は
シミュレーションとずれてしまうことから，整合に必要なスタブチューナ
やプランジャーなどが必要になります。しかし，電力を共振器に入れる役
割を果たすアイリスは不要です。ただ，シミュレーションをすることでイ
ンピーダンスの調整量は少なくなり，マイクロ波エネルギーを効率よく共
振器や材料に送れるようになります。

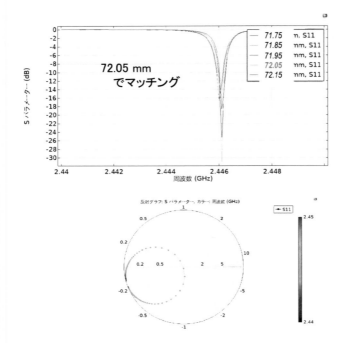

図 5.18　アンテナ位置によるインピーダンスマッチング

5.5　マイクロ波工学からマイクロ波化学へ～マルチフィジックス～

5.5.1　電磁波と伝熱

　3.4 節で述べられているとおり，いわゆるマイクロ波照射下の化学反応ではアレニウス則以上の速度になる場合がしばしば観測されています。この速度論以上に反応が進むことをマイクロ波特殊効果と呼び，議論の対象になります。COMSOL Multiphysics ではすでに知られている原理，つまり，マイクロ波工学や伝熱工学の計算ができることから，実験結果と比較し，この特殊効果について検証できることになります。

　通常の加熱方式では反応部分全体を外部から加熱，つまり，炉や試験管の外側を囲うように配置し，十分，内部に熱が浸透したときに反応が生じ

ます。これに対してマイクロ波照射による加熱では，反応物で構成された物質の誘電損失により反応物が直接加熱され，一方で物質を支える容器は温まりません。そのため，物質内部と容器に接する物質外部で温度差が生じる現象がよく起こります。このような温度分布があることに加え，マイクロ波照射中ではマイクロ波定在波の形成に大きな影響を与える熱電対のような金属温度センサーが使えないことが，実験による温度分布の実測定を難しくしています。そこで，厳密にアレニウス則に従っているかどうかを検証するのにシミュレーションが極めて有用になります。

マイクロ波化学では，マイクロ波照射により物質の温度を求めることが重要です。支配方程式はマックスウェルの方程式と伝熱方程式であり，これにより物質の温度が決まっていきます。シミュレーションで使用する式は以下のものです。

電磁場はマックスウェルの方程式で記述するものの，固有値計算ではなく周波数領域で計算することになり，次のように簡略化されます。

$$\nabla \times \left(\mu^{-1} \nabla \times E \right) = \frac{\omega^2 \varepsilon}{c^2} \tag{5.1}$$

ここで，E は電場，μ は透磁率，ε は誘電率，ω は角速度，c は光速となります。

次に，伝熱の方程式は下記のように記述されます。

$$\rho c_0 \frac{\partial T}{\partial t} - \nabla k \nabla T = Q \tag{5.2}$$

ここで，ρ は密度，c_0 は比熱，k は熱伝達係数，T は温度，Q は熱量なので式 (5.2) の Q はマイクロ波が照射されているときの熱量なので，次のとおり示されます。

$$Q = \frac{1}{2}\sigma \left| \boldsymbol{E} \right|^2 + \pi f \varepsilon_0 \varepsilon_r^{''} \left| \boldsymbol{E} \right|^2 + \pi f \mu_0 \mu_r^{''} \left| \boldsymbol{H} \right|^2 \tag{5.3}$$

と表せます。$\boldsymbol{E}$ は電場，σ は導電率，$\varepsilon_r^{''}$ は誘電損失，$\mu_r^{''}$ は磁性損失，f は周波数，$\boldsymbol{H}$ は磁場です。ここで，幸いなことにマイクロ波は光速度であることから，マイクロ波は周囲の境界条件を一瞬に感じ取り，反応場が形成されます。

一方，本来熱は分子や原子が運動する現象なので，例えばボルツマン

分布から考慮されたモデルであるものの，ここで扱う伝熱に関しては式 (5.2) から分かるように原子レベルではなく熱の流れとしてマクロで近似したものとなっています。つまり，変化は原子よりもはるかに大きく，秒単位以上の遷移状態が分かれば十分と考えられます。

　以上から，材料の温度変化による誘電率や導電率などの物性定数の変化がない場合は，比較的簡単な電磁波および伝熱の支配方程式を別々に解き，解を求めます。また，材料特性が温度により変化する場合であっても，それぞれの支配方程式の時間が大きく異なることを使って計算を収束させます。つまり，初期状態でマイクロ波計算と伝熱計算まで求め，次に，その温度での材料物性を反映して再度電磁波の方程式を解いていきます。通常，熱が発生し外部より温度が高くなると，空気中では対流が生じます。厳密にはこの対流による放熱の状態を流体力学の支配方程式を使って計算することが必要となります。しかし，計算量が膨大になるだけなので，ここでは流体を使わず放熱を伝熱として近似します。

　これ以外にも，例えば電子レンジのように，マイクロ波を拡散・均一照射させるためにターンテーブルやスタラファンがある場合，有限要素法ではそもそもメッシュが変わってしまう問題があります。小さい変化だと変形メッシュで対応できるものの，大きく形状が変化すると変形メッシュでは対応できない場合があります。

　しかし，この場合も光速で電磁場の反応場が形成される現象と機械の動きの速度差から，統計力学の考え方であるエルゴールドの仮説を適用し，時間による形状変化は場合の数（状態数）で置き換え，各状態をそれぞれ計算し，それらを平均すれば求められます。

5.5.2　シミュレーション事例 (2)

　それでは，5.3.2 項で用いたのと同じ，ポリイミド基板上に銀ナノ粒子を塗布した試料を TE103 モード共振器の中心に配置したモデル(図 5.10)を使い，今度は温度まで求めてみます [5]。インピーダンスマッチングまでは 5.3.2 項と同じです。そこでさらに，フィジックスとして伝熱（個体）とマルチフィジックス電磁加熱を追加します。ここで，伝熱は計算を簡単にするために計算範囲を TE103 の部分と銀ナノ粒子が塗布されたポリイ

ミド基板のみにします。なお，銀ナノ粒子の塗布部分はポリイミド基板の中央部のみとします。

　前項でも示したとおり，通常はものが加熱されると周りの空気に熱が奪われ，熱を奪った空気は上昇し対流が生じます。また，大気温度よりものの温度が上昇すると放射熱によりものは冷えます。この自然対流などを組み込むと流体の計算まで必要になり，複雑になってしまいます。

　そこで，温まったものの熱の放出は熱流束という形に近似します。スタディには周波数領域（マイクロ波）を使い，共振器の試料がある場所の電磁場の計算を行います。また，ポリイミド基板と銀ナノ粒子が誘電損失により電磁場を熱エネルギーに変換するので，この電磁場を熱エネルギーに変えた部分を熱源とします。ここで，前述したように周りの空気に熱が奪われるため，ポリイミド基板と銀ナノ粒子塗布面に熱流束をもたせます。また，温度を見たい場所を事前にジオメトリに組み込んでおきます。ここでは，銀ナノ粒子の塗布部分（1点）とポリイミド基板（1点）としました。

　計算後，順番に結果を表示します。まず，投入電力を 15 W としたときの電場分布の結果は，図 5.19 のようになりました。縦軸の電場強度の絶対値は，マイクロ波の投入をパワーとしたことからスケールがこれまでとは異なります。

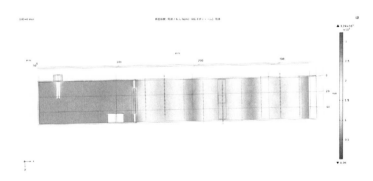

図 5.19　インピーダンスマッチングを行い，投入電力を 15 W としたときの電場分布

　時間経過と温度（ここでは時間とともに温度上昇するため）による材料特性の変化を入れていないため，TE103 モードであることは変わりがありません。

　次に時間経過に対する温度変化の計算結果について確認します。1D グラフにてポイントグラフを選択し，先ほどジオメトリで作成したポイントを指定します。今回の場合，ポリイミド基板と銀ナノ粒子塗布された部分を指定しています。すると図 5.20 に示すグラフが表示されます。これによりポリイミド基板に比べ，銀ナノ粒子の塗布直後のほうが大きく温度上昇している，すなわち誘電損失が大きいことが分かります。マイクロ波パワーは銀ナノ粒子塗布面に集中することから，温度がマイクロ波照射開始から 20 秒で 140 ℃まで急速に上昇し，その後飽和している結果となりました。

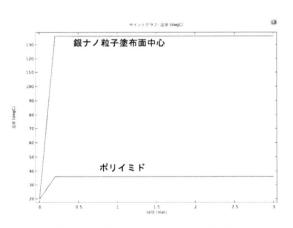

図 5.20　指定したポイントの温度変化

　また，ポリイミド基板自体も少し加熱され，35 ℃で飽和していることが分かります。このシミュレーションの結果と実際に実験を行った結果を比較します。図 5.21 のとおり，銀ナノ粒子塗布面は急速に温度上昇し，その後，温度が低下していることが分かります。また，温度分布については，シミュレーションでは図 5.22 に示すとおり均一でしたが，実際の銀

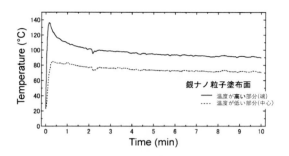

図 5.21　実際の実験におけるマイクロ波照射中の銀ナノ粒子塗布面の温度変化 [5]

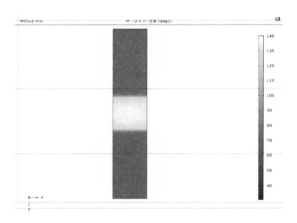

図 5.22　マイクロ波照射 2 分後の銀ナノ粒子塗布部分の温度分布シミュレーション

ナノ粒子塗布面の温度は均一ではなく，図 5.23 に示すとおり銀ナノ粒子塗布面の端の部分が高い温度となりました。これは，実際の銀ナノ粒子は均一に塗布されているわけではなく，周辺のほうが銀ナノ粒子の層が厚いためと考えられます。

　また，図 5.21 においてマイクロ波照射後 30 秒くらいから温度低下が見られるのは，実際の実験では銀ナノ粒子が焼結し導電性となってしまい，電磁波を跳ね返すためと推測できます。実際の実験で導電率を計測したところ，10,000 S/m と向上していました。

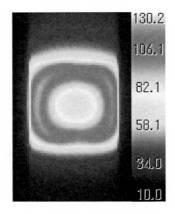

図 5.23　銀ナノ粒子塗布部分の実際の温度分布 [5]

　この実験結果から，焼結後の銀ナノ粒子塗布部分はおおよそ 10,000 S/m の導電率と分かったので，銀ナノ粒子の塗布面の導電率が大きくなった場合のシミュレーションを行います。ここではインピーダンスマッチングからやり直し，電力を考慮して計算するようにします。その結果，図 5.24 に示すとおり銀ナノ粒子塗布部分の温度は 8 ℃くらい上昇するものの，図 5.20 のように大きくは上昇しないことが分かります。

　したがって，図 5.20 の計算結果は銀ナノ粒子が誘電体としてマイクロ

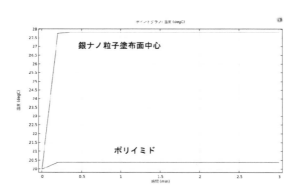

図 5.24　銀ナノ粒子塗布面が導体となった場合の温度変化

波を熱に変換し続け熱放射とバランスするものの，図 5.24 の結果から導電率が向上するとマイクロ波が反射してしまうためマイクロ波からの熱変換はなく，温度上昇がなくなることが分かりました。そこで、図 5.21 の実験結果を改めて確認すると，焼結が進むとマイクロ波を反射するため少しずつ冷めていくものと理解されます。

このように，実験では銀ナノ粒子塗布面が導電性をもったので，今度は磁場モードに基板を配置し，マイクロ波の照射を続けました。このとき，同様の条件でシミュレーションを実施しました。

まず，試料は磁場分布の中心になるように配置し，ポートを 50 Ω に設定してインピーダンスの計算を行います。次に複素共役をポートに与え，電力を 1.2 W 投入した計算を行います。図 5.25 に示すとおり，試料は磁場中心に配置されていることが分かります。

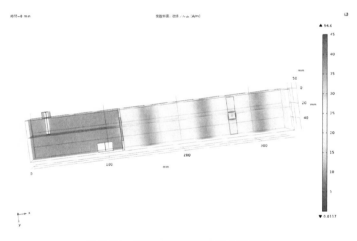

図 5.25　試料を磁場分布の中心に設置

マルチフィジックスの計算結果を図 5.26 に示します。あらかじめジオメトリで作成していた銀ナノ粒子塗布面の中心と端から 1 mm 内側の点とポリイミドの 3 点が表示されています。図 5.26 より，銀ナノ粒子塗布面では急速に温度上昇し飽和することが分かります。また，実験結果を

179

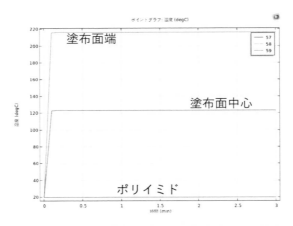

図 5.26　銀ナノ粒子塗布面が導体かつ磁場照射の場合の温度変化

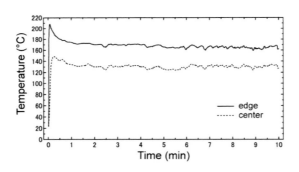

図 5.27　実際の実験における磁場中でのマイクロ波照射中の銀ナノ粒子塗布面の温度変化 [5]

図 5.27 に示します。実験では温度変化がピークをもっていることが分かります。

　これは電場照射の場合と同様に温度が上昇すると銀ナノ粒子の焼成が進み，物性値，特に導電率が大きくなるからと考えられます。また，シミュレーションと実験の温度分布を比較したものを図 5.28 に示します。磁場が導体中を通過するとき渦電流が生じます。シミュレーションと実験ともに，渦電流により銀ナノ粒子塗布面の端のほうが中心より温度上昇するこ

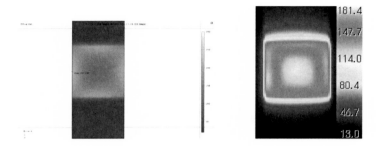

図 5.28　銀ナノ粒子塗布面の温度分布（左）シミュレーション，（右）実験結果 [5]

とが確認できました。厳密には異なると指摘される部分も多いものの，定性的な傾向や第一次の近似としては十分と考えております。

　しかし，ここまでのシミュレーションでもなかなか実験結果と合わないところがあります。それはマイクロ波入射波，すなわち投入パワーです。シミュレーションのほうが投入パワーは小さい傾向にあり、合わないところがあります。また，放熱については伝熱で近似できるように数値を入れて調整していますが，厳密には放熱特性についてデータを取っておくことが好ましいです。

　投入パワーについて，実験をされている方はお気づきのことと思いますが，現実には，スタブチューナやスラグチューナを使っても反射波をゼロにできずチューナが加熱されてしまうことや，ケーブルやコネクタがかなり熱くなっていることがあります。つまり，電力を投入しても想像以上に余分なところが加熱されてしまうことがあります。シミュレーションのようにマイクロ波を効率よく投入できていないところがマイクロ波化学の実験の課題です。

5.6　ミクロスケールの取り扱い

5.6.1　シミュレーションと触媒のサイズ

　前述したように，触媒を使った化学反応において，マイクロ波照射の有

181

無によって起こる反応速度の変化について，多くの研究者が関心をもち，研究が行われています。特に化学者の場合，触媒表面での反応物質の電子の授受などに注目しています。前節で述べたポリイミド基板に塗布された銀ナノ粒子の膜の厚みは 0.1 mm と小さいものの，大きさは一辺が 10 mm の四角形と比較的目視できるものです。

　しかしながら，触媒となると場合によっては大きさが数十 μm くらいになり，さらに，触媒表面だと μm 以下のサイズについて議論されます。現状の COMSOL Multiphysics はマルチスケールでの計算は難しく，議論があるところです。単純に小さくした場合，電磁波モードは伝送路中のモード，つまり，TEM, TM, TE モードしか選べません。これは，多くの電磁場シミュレータが電子部品などのモデルを想定しているからです。マイクロ波化学の場合，共振器にマイクロ波を閉じ込めて空間的に電場や磁場が分けられた状態で使うことから，電子部品とは異なった状況となります。マクロ的に考えた場合は電場や磁場があることでエネルギー的に整合がとれますが，ミクロで電場や磁場が分離された状態だとエネルギーとして計算することが難しいためと考えております。

　このような欠点があると踏まえつつ全体のエネルギー収支とは整合させず，TEM, TM, TE モードを外場として与えてシミュレーションを行ったものとして取り扱うことで，議論はできると考えております。触媒は μm スケールですがこれを直接組み込むのではなく，マクロスケールで可能なかぎりモデル化した例について紹介します。

5.6.2　触媒を考慮したシミュレーション

　ここでは直径 1 mm の球のマグネタイト触媒を使った計算を紹介します [6]。図 5.29 に示すように，試験管の中央に触媒層を入れた石英試験管を楕円共振器（TM110 モード）の電場最大（ちょうど焦点部分）の場所に配置したものをモデル化し，固有値計算を行いました。その結果を図 5.30 に示します。

　図 5.30 (右)に示すとおり，拡大して観察すると触媒同士の接触点で電場集中が生じることが観測されます。前節と同様にインピーダンスマッチングを行い，伝熱計算まで加えた加熱のシミュレーション結果を図 5.31

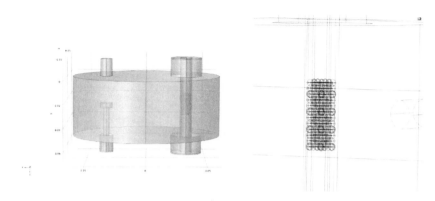

図 5.29　楕円共振器中の触媒のモデル化 [6]

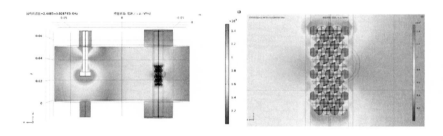

図 5.30　固有値計算結果：共振器および触媒における電場分布（左）全体図，
（右）触媒部分の拡大図 [6]

に示します。触媒の温度分布は電場強度の集中度合いよりはやや薄まって
いるように見えます。これはおそらく，触媒粒子の熱容量や熱伝導による
ものと考えられます。

　また，マイクロ波加熱では誘電損失のあるものが加熱されます。今回の
場合，触媒自体が発熱体であり熱が試験管の外側に逃げる状態になってい
ます。このことを定量的に示すために，試験管の外側へ向けて熱流速を設
定し，計算をしています。その結果，触媒層の中心部分の温度は石英試験
管壁側より高いことが分かりました。

　実験ではファイバ温度計を差し込んだ部分しか温度が分かりませんが，
実測された部分とシミュレーションを一致させることで，測定されていな

183

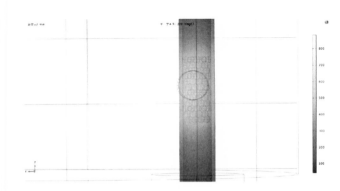

図 5.31　マルチフィジックス計算で求められたマイクロ波と伝熱による温度分布

い触媒層の温度を推定することが可能となります。これにより，触媒全体の温度分布を決定でき，反応速度が議論できるようになります。

参考文献

[1]　平野拓一：『有限要素法による電磁界シミュレーション』近代科学社 (2020).

[2]　David M. Pozar: Microwave Engineering, 2nd Ed., Wiley (1998).

[3]　藤井知，親富祖元希，椿俊太郎，和田雄二：「マイクロ波シングルモードアプリケータの設計手法」，第 14 回日本電磁波エネルギー応用学会 (2020).

[4]　A. B. Kakade and Bratin Ghosh, "Mode Excitation in the Coaxial Probe Coupled Three-Layer Hemispherical Dielectric Resonator Antenna", *IEEE Trans. Antennas and Propagation*, Vol.59, No.12, Dec. (2011).

[5]　S. Fujii, S. Kawamura, D. Mochizuki, M. M. Maitani, E. Suzuki, and Y. Wada: Microwave sintering of Ag-nanoparticle thin films on a polyimide substrate, *AIP Advances,* Vol.5, 127226-1〜11, Jun. (2015).

[6]　N. Haneishi, S. Tsubaki, M. M. Maitani, E. Suzuki, S. Fujii, Y. Wada: Electromagnetic and Heat-Transfer Simulation of the Catalytic Dehydrogenation of Ethylbenzene under Microwave Irra-diation, *Industrial and Engineering Chemistry Research*, Vol.56, No.27, pp.7685-7692, Jun. (2017).

付録 A

A.1　ベクトルの内積

ベクトル $\vec{a} = (a_1, a_2, a_3)$ とベクトル $\vec{b} = (b_1, b_2, b_3)$ に対しての内積は，

$$\vec{a} \cdot \vec{b} = a_1 b_1 + a_2 b_2 + a_3 b_3 = |\vec{a}| \left|\vec{b}\right| \cos \theta$$

となり，スカラー量として定義されます。θ は図 A.1 に示すとおり，2 つ
のベクトルのなす角を表します。

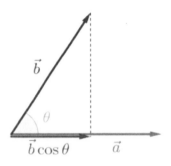

図 A.1　ベクトルの内積

A.2　ベクトルの外積

右手直交座標系におけるベクトル $\vec{a} = (a_1, a_2, a_3)$ とベクトル
$\vec{b} = (b_1, b_2, b_3)$ に対しての外積は，

$$\vec{a} \times \vec{b} = (a_2 b_3 - a_3 b_2, a_3 b_1 - a_1 b_3, a_1 b_2 - a_2 b_1)$$

となり，外積もベクトルとなります。内積と同様に 2 つのベクトルがなす
角を θ とすると，図 A.2 に示すとおりになります。
　例えば，ベクトル $\vec{a}$ とベクトル $\vec{b}$ が x-y 平面上にあった場合，これに対
する外積は z 軸上のベクトルとなり，その大きさは，

$$\left|\vec{a} \times \vec{b}\right| = |\vec{a}| \left|\vec{b}\right| \sin \theta$$

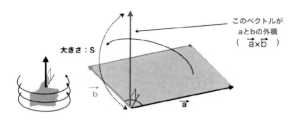

図 A.2　ベクトルの外積

となります。ベクトルの外積の表し方には行列形式もあり，

$$\vec{a} \times \vec{b} = \begin{vmatrix} i, j, k \\ a_1, a_2, a_3 \\ b_1, b_2, b_3 \end{vmatrix}$$

と記述されます。

A.3　ナブラもしくは grad

$$\nabla = \text{grad}\,() = \frac{\partial}{\partial x}i + \frac{\partial}{\partial y}j + \frac{\partial}{\partial z}k = \begin{pmatrix} \frac{\partial}{\partial x} \\ \frac{\partial}{\partial y} \\ \frac{\partial}{\partial z} \end{pmatrix}$$

で表される ∇ と grad の演算子を勾配またはグラーディエントと呼びます。なお，(i, j, k) は単位ベクトルとします。ここで，地図の等高線図を示すポテンシャル関数 $U(x, y, z)$ を想定します。このとき，ある場所の傾きを以下のように示すことができます。

$$\nabla U = \text{grad}\,U = \left(\frac{\partial U}{\partial x}, \frac{\partial U}{\partial y}, \frac{\partial U}{\partial z} \right)$$

これを発散と呼びます。

　次に，ベクトル $\boldsymbol{A} = (A_x,\ A_y,\ A_z)$ として，$\nabla \cdot \boldsymbol{A}$ の内積を考えます。図 A.3 のようなベクトル場を想定し，まず，x 軸上の x 成分を考えます。A_x が x に比例するとすると，この場合，図 A.3 の内積の結果は正のスカラー量となります。図 A.3 の $x = 0$ 以降の左側ではベクトルは右から左

向きであり，比例係数はマイナスであるもののベクトルの向きもマイナスなので，結局，正であると言えます。つまり，中心から離れるに従って大きくなるベクトル，すなわち、湧き出した場合，この内積は正をもちます。つまり，ある領域で電気力線ベクトル A が存在した場合，電気力線 $\nabla \cdot A$ が正となると湧き出しの元である電荷量 ρ が存在することになります。

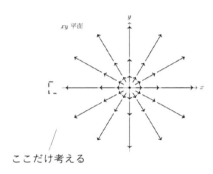

図 A.3　発散

A.4　ローテーション

　ベクトル解析の演算子としてローテーション [1] について説明します。まず，ベクトル A と B の外積は前述したように，

$$\boldsymbol{A} \times \boldsymbol{B} = (A_y B_z - A_z B_y)\, i + (A_z B_x - A_x B_z)\, j + (A_x B_y - A_y B_x)\, k$$

であり，ローテーションは

$$\mathrm{rot}\,\boldsymbol{A} = \nabla \times \boldsymbol{A}$$

として表記されます。ローテーションはその名のとおりベクトルの回転場の概念を表すものであり，このベクトル場を数学表記するための演算子です。前述の外積の式にて，ローテーション A を ∇, B を A とすると，$\mathrm{rot}\,A$ の z 成分は

$$(\mathrm{rot}\boldsymbol{A})_z = \frac{\partial A_y}{\partial x} - \frac{\partial A_x}{\partial y}$$

となります。なかなかこのイメージが掴みづらく，どうしてこのような定義になるのか，初めて勉強する学生にはなかなか難しいです。そこで，ローテーションの説明について秀逸な物理イメージが書かれている長沼氏の文献 [2] からその考え方を引用します。

　図 A.4 に示すとおり，水没した水車を考えます。水没した水車は，X>0 の領域では Y のマイナス方向からプラスの流れ，X＜0 領域では Y のプラス方向からマイナスの流れとなることで，左回りに回ります。次に，X＞0 領域では Y のマイナスからプラスの流れがあり，X>0 の領域よりも弱くても流れることになります。つまり，流れの差があれば水車は回転することになります。

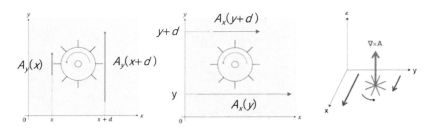

図 A.4　ローテーション

　仮想水車をローテーションとしたとき，回転速度を水流差，水車の直径を d とすると，水車の両側での速度差は $A_y\,(x+d) - A_y\,(x)$ であり，回転速度は水車の両側での速度差を水車の直径 d で割ったものとなります。そのため，回転速度は次式で示す形になります。

$$\frac{A_y\,(x+d) - A_y\,(x)}{d}$$

　ここで，水車の大きさ d を無限小に小さくすると，

$$\lim_{d\to 0}\frac{A_y\,(x+d) - A_y\,(x)}{d} = \frac{\partial A_y}{\partial x}$$

となり，第 1 項目を算出できます。

　次に第 2 項目は，同様に左回りで水車を回すとなると，座標軸の関係から $A_y(x) > A_y(x+d)$ となる必要があります。つまり，$\frac{\partial A_y}{\partial x}$ が正のときは右回り，負のときは左回りとなります。このとき，$(\mathrm{rot}A)_z$ は z 軸を回転軸にもつ水車の左回りの速度を表すものとなります。この回転速度より，水車を z 軸方向に進むものとすると，z 軸の座標を紙面から読者へ向かう方向とした右手系直交座標系となります。

A.5　ベクトルポテンシャル

　電場を E としたとき，$E = \nabla\Phi$ と表せる Φ のことをポテンシャル（位置エネルギーなど）としています。そこで磁場や電場の渦があると電場や磁場が発生することから，同様に，$B = \mathrm{rot}\ A$ の場合も A をベクトルポテンシャルと呼びます。前節で示した水車を回す渦をポテンシャルとして考えると分かりやすいと思います。

A.6　フーリエ変換

　4.2.2 項でいきなり定常状態を $\exp(j\omega t)$ とし、時間項を大幅に簡略したことに違和感をもたれるかもしれません。実際にはデジタル化された情報を運搬する電波にその情報の信号を重畳させており，その状態を時間軸で観察すると図 A.5 に示すとおりになります。

　ここで，時間から ω へパラメータを変換して表現していいのかという疑問が残ります。そこでフーリエ変換の考え方を導入します。フーリエ変換とは，簡単に説明すると時間領域 (t) を周波数領域 (f) に変換することを言います。また，周波数領域 (f) から時間領域 (t) に変換することを逆変換と言います。

　フーリエ変換が用いられる具体的な例として，方形波（パルス）やデルタ関数があります。デジタル情報は時間軸では 0 と 1 の方形波として信号

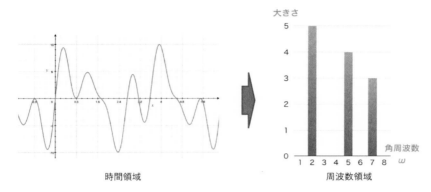

大きさ

角周波数 ω

時間領域　　　　　　　　周波数領域

図 A.5　フーリエ変換

が送られています。これをフーリエ変換すると，中心の正弦波 (f_0) とその高調波（2 倍の f_0, 3 倍の f_0...）の足し算になると理解できます。

大事なのは，すべての波は正弦波の組み合わせで表現できるということです。複雑な電波の振る舞いを理解するには基本波について理解すればよく，実際に使用する電波はその高調波の組み合わせにすぎません。なお，実際のパルスは 5 倍くらいまでの高調波を考えれば十分だということが図 A.6 から理解できます。

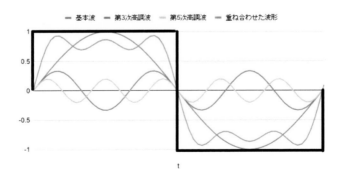

基本波　　第3次高調波　　第5次高調波　　重ね合わせた波形

図 A.6　方形波と高調波

191

A.7 特性インピーダンス

　電磁波は電場と磁場の振動が伝播するものです。もう少し言い換えると，導線を伝わる電力は電圧や電流で表現可能ですが、空間では表現できません。つまり、より本質的な物理現象を支配するのは電場と磁場と言っても過言ではありません。また，静電場や静磁場，さらに直流は周波数ゼロの点のみで議論を構築していると言ってもよいでしょう。

　周波数がゼロ以外の電磁波が伝播している場合の電場と磁場について考えます。電力が大きければ電場や磁場の振動幅が大きくなることは容易に理解できます。その際，電場の振動幅に対して磁場の振動幅の大きさが決まります。この比率を決めるのが特性インピーダンスです。特性インピーダンスは抵抗の意味ではなく，磁場に対しての電場の大きさを示しています。平面波で前述したとおり，空間の特性インピーダンスは式 (4.26) 式に示したとおりです。空気は絶縁体であるため，電場の比率は相対的に大きくなります。なお，真空中や空気中では $\eta_0 = \sqrt{\frac{\mu_0}{\varepsilon_0}} = 377\,\Omega$ となります。

　また，伝播中に電場と磁場の位相がずれる場合もあるので，それを表現するために特性インピーダンスは複素数として表現できるようになっています。なお，空間中に導波管や同軸ケーブルやプリント基板，つまり金属の境界条件を入れた場合でも，平面波と同様に，特性インピーダンスを算出することができます。

　実験室の電気測定器のコネクタは特性インピーダンス 50 Ω と書かれており，ケーブルも特性インピーダンス 50 Ω の同軸と決まっていることがほとんどです。そのため，ネットワークアナライザ，インピーダンス測定以外の測定をする場合，機器などそのポートを 50 Ω にマッチングしないと反射波に定在波が生じ，本来知りたい値からずれてしまいます。同軸ケーブルの特性インピーダンスは，参考文献 [2] のとおり信号線の外径 (a) とシールド外径 (b) で電場 E と磁場 H の比が決まります。また，測定器のポートが 50 Ω と決まっている理由は次の 2 つです。

① 電源から負荷に最大電力を送りたい
　　ケーブルの特性インピーダンスとしては 30 Ω が最適

② ケーブルの損失を減らしたい

　　ケーブルの損失が最小になる特性インピーダンスは 70 Ω

　①，②より，その平均をとって 50 Ω の同軸ケーブルを使うことになっています。導出方法は参考文献 [2] を参考にしてください。

A.8　TE103 共振器の COMSOL 固有値計算

　COMSOL Multiphysics を立ち上げると図 A.7 の画面が現れるので，「モデルウィザード」をクリックします。空間次元選択では 3D を選びます。

図 A.7　立ち上げた直後の画面

　次に，図 A.8 のようにフィジックス選択の画面が現れます。電磁波（周波数領域）を選び，「完了」を押します。すると図 A.9 の画面が立ち上がります。画面上部に「ホーム」「定義」「ジオメトリ」などのタブが並んでいるので，「定義」を除き，タブの順に作業を進めていきます。

図 A.8　フィジックスの選択

定義は飛ばし、このタブの順番に実施する

図 A.9　モデル作成と計算の流れ

　最初に，「ホーム」タブでの操作について説明します．図 A.10 に示すジオメトリの作成では，まず，単位を mm にします．次に「ブロック」をクリックするとブロックの設定画面が表示され，幅や奥行きや高さが入力できるようになっているので，図 A.11 のように TE-103 共振器の大きさ（幅 109，奥行 222，高さ 54.8）を入力します．この状態で「全オブジェ

クトの作成」をクリックすると，図 A.11 の右側のようなグラフィックス
が現れます。

図 A.10 ジオメトリの作成

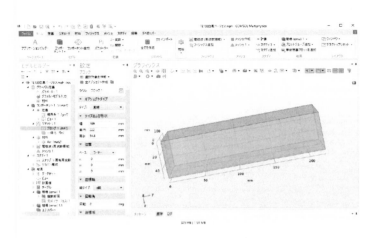

図 A.11 ブロックの作成

次に図 A.12 の画面のように「材料」のタブをクリックし，「材料の追加」→「標準」→「Air」を選び，コンポーネントに追加します。

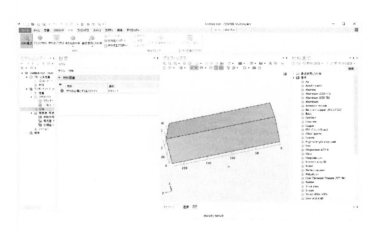

図 A.12 材料の選択

次に，図 A.13 にある設定画面中の「ジオメトリ選択」にて「ジオメトリエンティティレベル」がドメイン，「選択」がマニュアルになっている

ことを確認し，グラフィックス画面に表示されているブロックを選択します。するとブロックが青色で示されます。

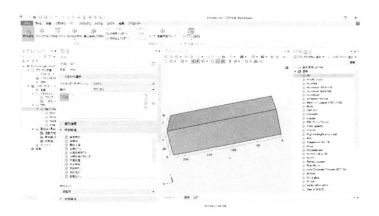

図 A.13　ドメインに材料特性を与える

次に「フィジックス」のタブに進み，図 A.14 のように「設定」が電磁波周波数，「ドメイン選択」で全ドメインとなっていることを確認します。次に図 A.14 モデルビルダー＞電磁波＞電気壁にて境界選択ですべての面が選ばれていることを確認します。

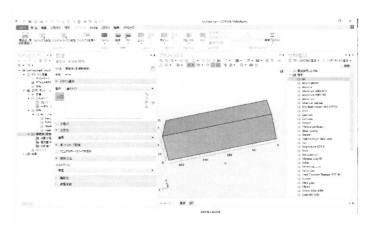

図 A.14　フィジックスの設定

　「メッシュ」のタブにてメッシュを追加し，メッシュ 1 を右クリックもしくは表示からフリーメッシュ 4 面体を選択します。選択するとサイズが現れます。次に「サイズ」で一般物理を選択，「既定」で普通を選択します。最後に「全てを作成」をクリックすると図 A.15 のとおりメッシュが作成されます。

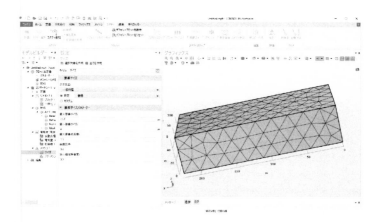

図 A.15　メッシュの設定

　次に「スタディ」のタブに移り，「スタディ追加」をクリックします。このとき，「設定」で固有周波数を選ぶと図 A.16 の画面になります。また，「次の固有周波数の近傍を探索」にチェックを入れ，2.45[GHz] と入力します。

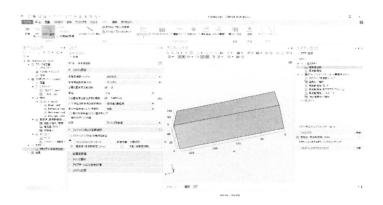

図 A.16　スタディにて固有周波数を追加

　これで計算の準備は整いましたので，図 A.16 左上の「計算」をクリックします。計算はすぐに終わり，結果の中に電場・複数断面などが現れます。「電場」をクリックすると計算された固有周波数がいくつか現れるので，2.45 GHz 付近の解を選択します。正しく計算できていれば，図 A.17 に示すように山が 3 つあるものが表示されます。

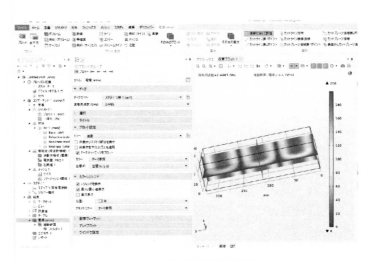

図 A.17　計算結果の電場分布表示

　電場モードから磁場モードへの表示の切り替えは，「モデルビルダー」から「結果」→「電場」→「複数断面」と選択し，図 A.18 に示すように「設定」画面の式に「emw.normE」と書かれているのを「emw.normH」に変更します。これにより，図 A.19 の磁場分布表示になります。

図 A.18　電場モード／磁場モードの設定

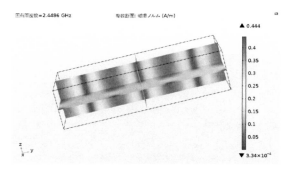

図 A.19　磁場分布表示

　最後に，固有周波数と Q 値を導出します。まず，「モデルビルダー」から「結果」を選択し，計算値で右クリックするとさまざまな「評価」が出てきます。ここで「グローバル評価」を選び，追加します（図 A.20）。グローバル評価の中で固有値計算結果された結果，ここでは「データセット」としてスタディ 3/解 3 を選びます（図 A.21）。次に，「式」のところで＋マークをクリックし，電磁波グローバルをクリックし，その中から Q 値を選びます。その後，「設定」画面の下部にある評価をクリックします。すると，図 A.22 に示すように固有周波数と Q 値が導出されます。

図 A.20　グローバル評価の追加

図 A.21　固有周波数と Q 値導出のための設定

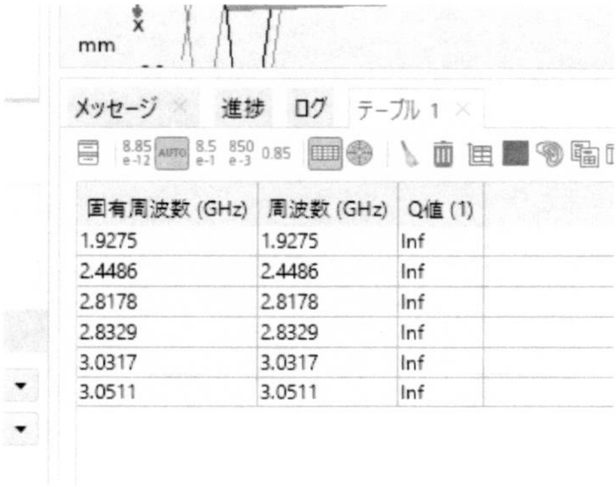

固有周波数 (GHz)	周波数 (GHz)	Q値 (1)
1.9275	1.9275	Inf
2.4486	2.4486	Inf
2.8178	2.8178	Inf
2.8329	2.8329	Inf
3.0317	3.0317	Inf
3.0511	3.0511	Inf

図 A.22　固有周波数と Q 値の結果

A.9　TE103 共振器の COMSOL ドリブンモードの計算

ドリブンモードの計算ではジオメトリ作成やメッシュ作成は固有値計算と同じなので，本節では異なる部分を記載します。具体的には，ポートを介して共振器などにマイクロ波を導入する工程です。

あらかじめ，ジオメトリで共振器にアンテナ構造を作っておきます。例えば，ジオメトリから円柱を選び，それぞれの円柱のサイズを設定します。ここでは中心導体は Φ5 mm，導体のシールドの内径は Φ11.5 mm とします。高さ方向は一旦 10 mm に設定します。この値は後でも変更できます。また，導体とシールドの間を空気とすると，特性インピーダンスは 50 Ω になります。

「モデルビルダー」の中の「電磁波・周波数領域」を右クリックすると「集中ポート」がありますので，これを追加します。次に「設定」で「集中ポートタイプ」を同軸，「端子タイプ」をケーブル，「波動励起」をオンと選択し，ジオメトリで作製した同軸部分を選択すると，図 A.23 のように境界選択にポート部分が選ばれます。また，インピーダンス計算もあるので，作成したポートが 50 Ω になっているのか確認できます。

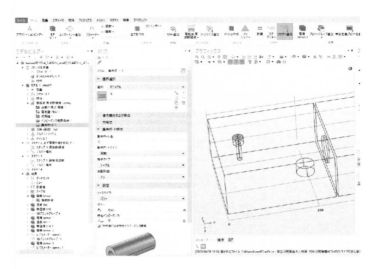

図 A.23 集中ポートの作成

　「スタディ」タブの「スタディ追加」で電磁波（周波数領域）をコンポーネントに追加します。「設定」の「周波数単位」は GHz にします。なお，S パラメータを求める場合，ある程度の周波数領域を計算する必要があります。そこで，周波数入力ボックス横のボタンを押して範囲や値の数を選びます。例えば，図 A.24 に示すとおり，開始 2.4 GHz，終了 2.5 GHz，値の数 51 と入力します。これは選んだ区間を 50 分割するという意味になり，選ばれた範囲内で一つずつ計算されます。すると 2.4〜2.5 GHz の周波数領域を計算することができます。

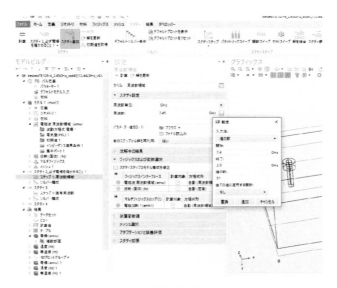

図 A.24　電磁波・周波数領域をスタディで追加

　ここで,「電磁波周波数領域」にチェックを入れます。マルチフィジックスの場合は「電磁場加熱」にもチェックを入れます。これで計算する準備が整ったので,「計算」をクリックします。例えば, S パラメータの表示では「結果」タブを右クリックし, 1D プロットを選択, さらに 1D プロットからグローバルを選択します。次に, グローバル関数の S パラメータの dB 表示を選びます。評価をクリックすると S パラメータが表示されます(図 A.25)。

結果を右クリックで1Dプロットを選ぶ。　　　グローバルの設定で y 軸データの＋を左クリック
さらに，1Dプロットグループを
右クリック（上図）し、グローバルを選ぶ。

図 A.25　　S$_{11}$ パラメータの表示方法

A.10　TE103 共振器の COMSOL パラメトリックの計算

　TE103 共振器に導入しているアンテナの位置を動かし，その都度 S パラメータを計算させることをパラメトリック計算と呼びます。

　パラメトリック計算においても，ジオメトリなどの作り方はこれまでと同じです。ただし，ジオメトリの数値の一部を変化させる必要があることから，変数を定義して使います。変数の定義は図 A.26 に示すとおりです。「モデルビルダー」の「グローバル定義」から「パラメーター」を選択して「名前」に COMSOL 内での呼び出しに必要な任意の名前を入れ，一旦，初期値の数値を入力します。図 A.27 は図 A.26 のように設定したパラメータを使ってジオメトリを作成した例です。

図 A.26　パラメータの定義

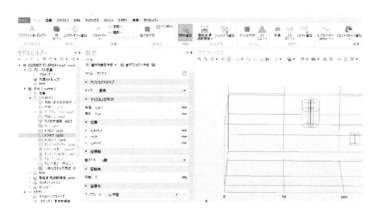

図 A.27　パラメータを使ったジオメトリの作成

　今回，S パラメータを求めることから，スタディでは周波数領域を使い
ます。「モデルビルダー」の「スタディ 1」と表示されている部分を右ク
リックして「パラメトリックスイープ」を選択します。すると，「設定」

207

のパラメータのボックスの下にある＋の記号をクリックすることで，動かしたいパラメータが選べるようになります。「パラメーター値リスト」でボックスの右側にある範囲を表す記号をクリックし，開始を 47，ステップを 0.1，終了を 48 とします。すると，図 A.28 に示した設定画面になります。この状態で「計算」をクリックすると，パラメトリックスイープで指定した計算が行われます。

図 A.28　パラメトリックスイープの設定

　図 A.29 がその結果です。最適な A_1 の値は 47.7 mm で，S_{11}，すなわち，反射係数が最も小さくなります。膨大な組み合わせをはじめから行うと PC の動作が重くなり整理も大変になりますので，初心者は少ない計算量から始めるとよいでしょう。

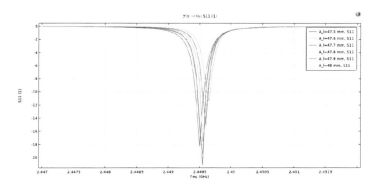

図 A.29　パラメトリックスイープを用いた計算結果

参考文献

[1]　長沼伸一郎：『物理数学の直観的方法』，講談社 (2015).

[2]　Thomas H. Lee: Planar Microwave Engineering, A Practical Guide to Theory, Measurements and Circuits, Cambridge University Press (2004).

索引

著者紹介

藤井 知 （ふじい さとし）

1985年　筑波大学第三学群基礎工学類変換工学専攻　卒業

1987年　筑波大学大学院理工学研究科修士課程物質工学専攻修了

1987年〜2009年　住友電気工業株式会社及びセイコーエプソン株式会社

2007年　京都工芸繊維大学大学院工芸科学研究科

博士後期課程材料科学専攻修了

2009年　千葉大学　産学連携知的財産機構　特任教授

2014年　東京工業大学大学院物質理工学院応用化学専攻　特任教授

2015年　沖縄工業高等専門学校情報通信システム工学科　教授

2021年　豊橋技術科学大学学院工学研究科電気・電子情報工学系・教授

2023年　（独）物質・材料研究機構　特別研究員

論文等　藤井知　他「ダイヤモンドSAWデバイスのその後の進展」,NEW DIAMOND Vol.25, No.2, pp.19-25, 2009、藤井知,和田雄二,他「超省エネ型マイクロ波マグネシウム製錬技術」,アルトピア,vol.8, No.8, Aug., pp.9-16, 2017など

執筆担当：第4章〜付録

和田 雄二 （わだ ゆうじ）

1977年　東京工業大学工学部化学工学科卒業

1982年　東京工業大学大学院理工学研究科化学工学専攻博士後期課程修了

ドイツマックスプランク協会フリッツハーバー研究所客員研究員，アメリカ合衆国南イリノイ大学博士研究員を経て，1985年 東京工業大学助手，1991年 大阪大学講師，助教授，2006年 岡山大学教授，2007年 東京工業大学教授，2016-2019 同大学大学物質理工学院長，2020年 定年退職により東京工業大学名誉教授，2020年 東京工業大学科学技術創成研究院特任教授，国際先駆機構特任教授ならびにマイクロ波化学（株）フェロー・基盤研究室長 2023年10月より一般社団法人ZeroC代表理事

その間，中華人民共和国江蘇大学客員教授(2004)，西南科技大学客員教授(2016)。

著書：Chapter Two – Activation of chemical reactions on solid catalysts under microwave irradiation, Microwaves; Ultrasounds; Photo- and Mechanochemistry and High Hydrostatic Pressure, Green and Sustainable Chemistry, ed. by Béla Török and Christian Schäfer, 2021, Elsevier Inc., ISBN978-0-12-819009-8.

執筆担当：第1章〜第3章

COMSOL Multiphysicsのご紹介

COMSOL Multiphysicsは，COMSOL社の開発製品です。電磁気を支配する完全マクスウェル方程式をはじめとして，伝熱・流体・音響・構造力学・化学反応・電気化学・半導体・プラズマといった多くの物理分野での個々の方程式やそれらを連成（マルチフィジックス）させた方程式系の有限要素解析を行い，さらにそれらの最適化（寸法，形状，トポロジー）を行い，軽量化や性能改善策を検討できます。一般的なODE（常微分方程式），PDE（偏微分方程式），代数方程式によるモデリング機能も備えており，物理・生物医学・経済といった各種の数理モデルの構築・数値解の算出にも応用が可能です。上述した専門分野の各モデルとの連成も検討できます。

また，本製品で開発した物理モデルを誰でも利用できるようにアプリ化する機能も用意されています。別売りのCOMSOL CompilerやCOMSOL Serverと組み合わせることで，例えば営業部に所属する人でも携帯端末などから物理モデルを使ってすぐに客先と調整をできるような環境を構築することができます。

本製品群は，シミュレーションを組み込んだ次世代の研究開発スタイルを推進するとともに，コロナ禍などに影響されない持続可能な業務環境を提供します。

【お問い合わせ先】
計測エンジニアリングシステム（株）事業開発室
COMSOL Multiphysics 日本総代理店
〒101-0047 東京都千代田区内神田1-9-5 SF内神田ビル
Tel: 03-5282-7040　　　Mail: dev@kesco.co.jp
URL：https://kesco.co.jp/service/comsol/

※COMSOL，COMSOL ロゴ，COMSOL MultiphysicsはCOMSOL AB の登録商標または商標です。

◎本書スタッフ
編集長：石井 沙知
編集：山根 加那子
組版協力：阿瀬 はる美
図表製作協力：菊池 周二
表紙デザイン：tplot.inc 中沢 岳志
技術開発・システム支援：インプレスNextPublishing

●本書に記載されている会社名・製品名等は，一般に各社の登録商標または商標です。本文中の©，®，TM等の表示は省略しています。
●本書は『シミュレーションで見るマイクロ波化学』（ISBN：9784764960725）にカバーをつけたものです。

●本書の内容についてのお問い合わせ先
近代科学社Digital　メール窓口
kdd-info@kindaikagaku.co.jp
件名に「『本書名』問い合わせ係」と明記してお送りください。
電話やFAX，郵便でのご質問にはお答えできません。返信までには，しばらくお時間をいただく場合があります。なお，本書の範囲を超えるご質問にはお答えしかねますので，あらかじめご了承ください。

●落丁・乱丁本はお手数ですが、(株) 近代科学社までお送りください。送料弊社負担にてお取り替えさせていただきます。但し、古書店で購入されたものについてはお取り替えできません。

マルチフィジックス有限要素解析シリーズ4

シミュレーションで見る マイクロ波化学
カーボンニュートラルを実現するために

2024年4月30日　初版発行Ver.1.0

著　者　藤井 知,和田 雄二
発行人　大塚 浩昭
発　行　近代科学社Digital
販　売　株式会社 近代科学社
　　　　〒101-0051
　　　　東京都千代田区神田神保町1丁目105番地
　　　　https://www.kindaikagaku.co.jp

●本書は著作権法上の保護を受けています。本書の一部あるいは全部について株式会社近代科学社から文書による許諾を得ずに、いかなる方法においても無断で複写、複製することは禁じられています。

©2024 Satoshi Fujii, Yuji Wada. All rights reserved.

印刷・製本　京葉流通倉庫株式会社
Printed in Japan

ISBN978-4-7649-0693-8

近代科学社 Digital は、株式会社近代科学社が推進する21世紀型の理工系出版レーベルです。デジタルパワーを積極活用することで、オンデマンド型のスピーディでサステナブルな出版モデルを提案します。

近代科学社 Digital は株式会社インプレス R&D が開発したデジタルファースト出版プラットフォーム "NextPublishing" との協業で実現しています。

マルチフィジックス有限要素解析シリーズ

マルチフィジックス有限要素解析シリーズ 第 1 巻
資源循環のための分離シミュレーション

著者：所 千晴 / 林 秀原 / 小板 丈敏 / 綱澤 有輝 /
　　　淵田 茂司 / 髙谷 雄太郎

印刷版・電子版価格（税抜）：2700 円
A5 版・222 頁

詳細はこちら ▶

マルチフィジックス有限要素解析シリーズ 第 2 巻
ことはじめ 加熱調理・食品加工における伝熱解析
数値解析アプリでできる食品物理の可視化

著者：村松 良樹 / 橋口 真宜 / 米 大海
印刷版・電子版価格（税抜）：2700 円
A5 版・226 頁

詳細はこちら ▶

マルチフィジックス有限要素解析シリーズ 第 3 巻
CAE アプリが水処理現場を変える
DX で実現する連携強化と技術伝承

著者：石森 洋行 / 藤村 侑 / 橋口 真宜 / 米 大海
印刷版・電子版価格（税抜）：2500 円
A5 版・190 頁

詳細はこちら ▶

豊富な事例で有限要素解析を学べる！ 好評既刊書

有限要素法による
電磁界シミュレーション
マイクロ波回路・アンテナ設計・EMC 対策
著者：平野 拓一
印刷版・電子版価格（税抜）：2600 円
A5 版・220 頁

次世代を担う人のための
マルチフィジックス有限要素解析
編者：計測エンジニアリングシステム株式会社
著者：橋口 真宜 / 佟 立柱 / 米 大海
印刷版・電子版価格（税抜）：2000 円
A5 版・164 頁

マルチフィジックス計算による
腐食現象の解析
著者：山本 正弘
印刷版・電子版価格（税抜）：1900 円
A5 版・144 頁

KOSEN発
未来技術の社会実装
高専におけるCAEシミュレーションの活用
著者：板谷 年也 / 吉岡 宰次郎 /
　　　橋本 良介
印刷版・電子版価格（税抜）：2400 円
A5 版・178 頁

発行：近代科学社 Digital　発売：近代科学社

あなたの研究成果、近代科学社で出版しませんか？

▶ **自分の研究を多くの人に知ってもらいたい！**
▶ **講義資料を教科書にして使いたい！**
▶ **原稿はあるけど相談できる出版社がない！**

そんな要望をお抱えの方々のために
近代科学社 Digital が出版のお手伝いをします！

近代科学社 Digital とは？

ご応募いただいた企画について著者と出版社が協業し、プリントオンデマンド印刷と電子書籍のフォーマットを最大限活用することで出版を実現させていく、次世代の専門書出版スタイルです。

近代科学社 Digital の役割

- **執筆支援** 編集者による原稿内容のチェック、様々なアドバイス
- **制作製造** POD 書籍の印刷・製本、電子書籍データの制作
- **流通販売** ISBN 付番、書店への流通、電子書籍ストアへの配信
- **宣伝販促** 近代科学社ウェブサイトに掲載、読者からの問い合わせ一次窓口

近代科学社 Digital の既刊書籍 （下記以外の書籍情報は URL より御覧ください）

詳解 マテリアルズインフォマティクス
著者：船津 公人／井上 貴央／西川 大貴
印刷版・電子版価格（税抜）：3200円
発行：2021/8/13

超伝導技術の最前線 [応用編]
著者：公益社団法人 応用物理学会
　　　超伝導分科会
印刷版・電子版価格（税抜）：4500円
発行：2021/2/17

AIプロデューサー
著者：山口 高平
印刷版・電子版価格（税抜）：2000円
発行：2022/7/15

詳細・お申込は近代科学社 Digital ウェブサイトへ！
URL: https://www.kindaikagaku.co.jp/kdd/